DK 621-523.8-527.7:621.9

FORSCHUNGSBERICHTE
DES WIRTSCHAFTS- UND VERKEHRSMINISTERIUMS
NORDRHEIN-WESTFALEN

Herausgegeben von Staatssekretär Prof. Dr. h. c. Dr. E. h. Leo Brandt

Nr. 669

Prof. Dr.-Ing. Herwart Opitz
Dipl.-Ing. Hans Uhrmeister
Dipl.-Ing. Klaus Jüstel

Laboratorium für Werkzeugmaschinen und Betriebslehre
an der Technischen Hochschule Aachen

Aufbau und Wirkungsweise einer Magnetbandsteuerung

Als Manuskript gedruckt

WESTDEUTSCHER VERLAG / KÖLN UND OPLADEN

1958

ISBN 978-3-663-03524-4   ISBN 978-3-663-04713-1 (eBook)
DOI 10.1007/978-3-663-04713-1

Forschungsberichte des Wirtschafts- und Verkehrsministeriums Nordrhein-Westfalen

<u>G l i e d e r u n g</u>

  Einleitung . . . . S. 5

I. Anforderungen an das Nachlauf-Regelungs-System und Auswahl der Bauelemente . . . . S. 7

  1. Werkzeugmaschine . . . . S. 7

  2. Informationsspeicher . . . . S. 7

  3. Magnetbandgerät . . . . S. 12

  4. Stellungsfühler . . . . S. 12

  5. Stellglieder . . . . S. 13

  6. Bedienung der Anlage . . . . S. 14

II. Aufbau der einzelnen Bausteine . . . . S. 15

  1. Magnetbandgerät . . . . S. 15

  2. Löschfrequenzgenerator . . . . S. 16

  3. 200 Hz Oszillator mit Drei-Phasen-Generator und Phasenkompensation . . . . S. 16

  4. Aufnahmeverstärker . . . . S. 19

  5. Wiedergabe-Verstärker . . . . S. 20

  6. Frequenzrelais . . . . S. 22

  7. Impuls-Phasen-Vergleich . . . . S. 23

  8. Stellgrößen-Verstärker . . . . S. 24

  9. Thyratron-Aggregat . . . . S. 25

  10. Automatische Druckknopf-Steuerung . . . . S. 26

  11. Handsteuerung . . . . S. 27

  12. Stromversorgung . . . . S. 27

III. Wirkungsweise der Magnetbandsteuerung . . . . S. 30

IV. Regelungstechnische Untersuchungen einzelner Bausteine sowie Ermittlung von Ansprechempfindlichkeit und Getriebelose . . . . S. 33

  1. Die Zeitkonstante des Reglers . . . . S. 33

  2. Die Regelstrecke . . . . S. 36

V. Das Verhalten des gesamten Regelkreises . . . . S. 43

  1. Berechnung des aufgeschnittenen Regelkreises aus den einzelnen Regelkreisgliedern . . . . S. 43

2. Der Einfluß von Totzeit, Reibung und
   Getriebelose auf die Stabilität des
   Regelkreises .... S. 44

3. Die Zustellgenauigkeit des Schlittens .... S. 47

VI. Kritische Betrachtung des Regelvorganges .... S. 48

Forschungsberichte des Wirtschafts- und Verkehrsministeriums Nordrhein-Westfalen

Einleitung

Die Enwicklung der Fertigungsmethoden zur Herstellung von Massengütern hat seit ihrer Einführung bei der Automobilindustrie vor rund 40 Jahren sehr große Fortschritte gemacht. Durch geschickte Kombination mechanischer, hydraulischer und elektrischer Bauelemente sind Maschinen entwickelt worden, die es gestatten, Massengüter schnell und billig herzustellen. Ein wirtschaftliches Arbeiten dieser Einzweckmaschinen und Transferstraßen ist aber an sehr große Stückzahlen gebunden. So trifft man oft die Meinung, daß für eine Automatisierung große Stückzahlen unerläßlich sind. Das mag für die genannten Einzweckmaschinen und Transferstraßen zutreffen. Soll auf ihnen ein Werkstück mit anderen Abmessungen hergestellt werden, so muß die Maschine mit erheblichem Zeitaufwand umgerichtet, wenn nicht sogar in einzelnen Teilen umgebaut werden. Damit nun die Kosten für dieses Umrichten, auf das Werkstück bezogen, gering werden, muß eine große Menge gleichartiger Werkstücke gefertigt werden. Worin besteht nun das Umrichten einer Maschine? Zur Erzeugung der gewünschten Form eines Werkstückes muß der Rohling auf einer genau vorgegebenen Bahn am Werkzeug oder umgekehrt vorbeigeführt werden. Diese Bahnen können aus Geraden, Kreisen oder sonstigen Kurvenzügen höherer Ordnung zusammengesetzt sein. Soll die Maschine selbsttätig diese vorgeschriebenen Bahnen nachfahren, so muß der Bewegungsablauf in ihr selbst festgehalten werden. Bei einem Revolverautomaten z.B. gehört zu jedem Werkzeug eine ganz bestimmte Arbeitstiefe, die durch Anschläge oder Endschalter einmal eingestellt wird. Ist diese Tiefe vom Werkzeug erreicht, so erfolgt der Rücklauf, der Werkzeugwechsel, und der neue Bearbeitungsvorgang beginnt.

Dieses System, das die Arbeitsgänge in der richtigen Reihenfolge bis zur eingestellten Tiefe ablaufen läßt, nennt man 'Informationsspeicher'. Bei einer Kopierdrehmaschine ist beispielsweise die Bahn der Meißelspitze durch die Schablone bestimmt. Sie stellt ebenfalls einen Informationsspeicher dar, der hier die genaue Zuordnung von Längs- und Planbewegung enthält. Aus den angeführten Beispielen ergeben sich zwei Speicherarten:

1. Der Programmspeicher, der die einzelnen Werkzeuge oder Arbeitsgänge vorschreibt,
2. der Weg- oder Koordinatenspeicher, der die Bewegungen des Werkzeuges oder Werkstückes bei der Bearbeitung vorschreibt.

Forschungsberichte des Wirtschafts- und Verkehrsministeriums Nordrhein-Westfalen

Ein Umrichten der Arbeitsmaschine besteht also darin, diese beiden Speicher mit neuen Informationen zu füllen. Gelingt dies in relativ kurzer Zeit, so wird auch die Herstellung von Kleinserien, ja sogar von Einzelstücken wirtschaftlich.

Der erste Schritt in dieser Richtung wurde schon in den 30-iger Jahren mit der Entwicklung der Kopiermaschinen gemacht. Bedingt durch die schnelle Entwicklung der Elektrotechnik während und nach dem 2. Weltkrieg, sind vornehmlich in England und den USA etwa seit dem Jahre 1950 Versuche unternommen worden, Werkzeugmaschinen mit Hilfe von Lochstreifen und Magnetband zu steuern. Auch diese beiden sind Informationsspeicher, die von Fernschreibern und Magnettongeräten allgemein bekannt sind.

Grundsätzlich läßt sich jede Maschine mit einem derartigen Steueraggregat ausrüsten. Bekannt geworden sind bis jetzt: Fräs-, Hobel- und Brennschneidemaschinen, Drehbänke und Bohrwerke (Literaturhinweise sind am Schluß des Berichtes zusammengefaßt).

Bei diesen Steuerungen lassen sich zwei große Gruppen unterscheiden:

1. Die Bearbeitung findet nach dem Einfahren in bestimmte Koordinatenpunkte statt,
2. die Bearbeitung erfolgt zur Erzeugung bestimmter geometrischer Linien oder Flächen während der Bewegung des Werkzeuges oder Werkstückes.

Es ist verständlich, daß die unter 2) genannten Aggregate wesentlich umfangreicher und komplizierter in ihrem Aufbau sind und ebenfalls an das dynamische Verhalten der Werkzeugmaschine, die ein wesentliches Glied in diesem 'Nachlaufregelungssystem' ist, höhere Anforderungen stellen. Für einen derartigen Regelkreis muß auch die Führungsgröße w kontinuierlich zur Verfügung gestellt werden. Das erreicht man auf der einen Seite durch Verwendung eines Magnetbandes, das die Führungsgröße w bei gleichmäßiger Bandgeschwindigkeit als Funktion der Zeit beim Abspielen wiedergibt. Lochstreifen oder Lochkarten können dagegen immer nur blockweise abgetastet werden. Für die Bereitstellung einer kontinuierlichen Führungsgröße ist deshalb ein besonderer Interpolator erforderlich.

Die Aufnahme des Programms auf Lochstreifen oder Magnetband erfolgt in der elegantesten Weise unter Verwendung eines elektronischen Rechengerätes. Diesem werden lediglich die Koordinaten der Eckpunkte geradliniger Bewegungen, die Radien und Mittelpunkte von kreisförmigen Bewegungen oder aber auch beliebige Kurvenzüge in Form von Polynomen eingegeben, und der gestanzte Lochstreifen oder das bespielte Magnetband kann fertig für den Gebrauch entnommen werden.

Um die hohen Kosten für eine derartige Rechenanlge zu sparen, wurde für die Versuche im Institut für Werkzeugmaschinen und Betriebslehre an der Rheinisch-Westf. Technischen Hochschule Aachen ein anderer Weg beschritten, der aber genau so gut gestattet, die Arbeitsweise von Steueraggregat und Werkzeugmaschine zu studieren. Bei diesem sog. Aufnahme-Wiedergabe-Verfahren wird auf einem Magnetband bei der Herstellung des ersten Werkstückes das Programm gespeichert. Alle folgenden Stücke werden dann nach diesem Programm bearbeitet. Der Entwicklungsgang dieser Anlage sowie die ersten Messungen bezüglich Genauigkeit und Zeitverhalten sollen im folgenden aufgezeigt werden.

I. Anforderungen an das Nachlauf-Regelungs-System und Auswahl der Bauelemente

1. Die Werkzeugmaschine

Als Arbeitsmaschine wird eine Feindrehbank der Firma Pfeiffer vorgesehen. Die Bewegung des Supportes soll in 2 Koordinaten, d.h. in Längs- und Planrichtung, vor- und zurück mit stufenlos einstellbarer Geschwindigkeit erfolgen. Die maximale Stellgeschwindigkeit soll für die Längs- und Planrichtung 2 mm/sec betragen. Jede Koordinate erhält ihren eigenen Antriebsmotor, sämtliche Verbindungen zum Hauptantrieb der Maschine müssen gelöst werden. Die Einstellung eines festen Vorschubes pro Spindelumdrehung, wie er bei Kopiermaschinen noch üblich ist, ist damit nicht mehr möglich.

2. Informationsspeicher

Um einen Interpolator zu umgehen, wird als Informationsträger Magnetband verwendet. Auf diesem müssen die Informationen für eine Bewegung in 2 Koordinaten sowie Kommandos für den automatischen Rücklauf bei Beendigung des Bearbeitungsprozesses und sonstige Hilfsfunktionen gespeichert werden. Die Aufzeichnung der Signale auf dem Magnetband kann in allen bekannten Modulationsarten erfolgen, von denen die gebräuchlichsten in Abbildung 1 dargestellt sind.

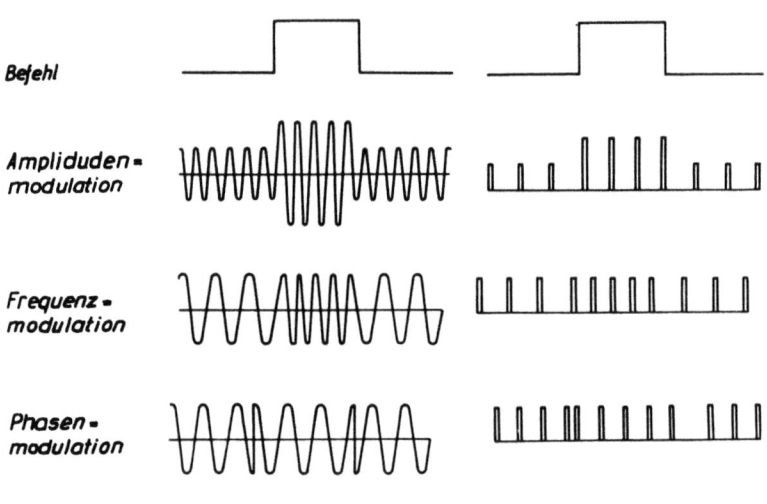

Abbildung 1

Möglichkeiten einer Modulation bei sin-Spannungen und Impulsen

Von diesen ist die Amplitudenmodulation, die bei den Magnetbandgeräten für tonfrequente Wiedergabe verwendet wird, die bekannteste. Es gibt eine Vielzahl von Möglichkeiten, aus der Lageänderung des Supportes oder der Winkeldrehung einer Welle eine Modulation des Trägersignales zu erhalten. So liegt es nahe, die Längsbewegung eines Supportes dazu auszunutzen, um auf einem Widerstand einen Schleifer zu verschieben. Die am Schleifer liegende Spannung ist dann (ohne Stromentnahme) proportional der Strecke x (Abb. 2).

Nimmt man an, daß die Länge des Widerstandes 1 m ist und die angelegte Spannung 100 V beträgt, so ergibt das eine Spannungsänderung von 1 V/cm = 0,1 V/mm = 0,0001 V/μ. Will man mit einer derartigen Anordnung in jeder Stellung des Supportes die Lage auf 10 μ genau bestimmen, so muß die angelegte Spannung von 100 V auf 1 mV oder 0,001 % genau eingehalten werden. Mit derselben Genauigkeit müßte die vom Schleifer des Widerstandes abgenommene Gleichspannung einer Trägerfrequenz aufgedrückt und diese auf dem Magnetband festgehalten werden. Da die besten Magnetbandgeräte keinen größeren Dynamikbereich als 60 db, d.h. ein Verhältnis von Nutzspannung zu Rauschspannung = 1000 : 1, gestatten,

ist dieses Verfahren bei derartigen Ansprüchen an die Genauigkeit nicht
zu gebrauchen. Zusätzlich hierzu ergeben sich noch Amplitudenfehler,
die auf Inhomogenitäten des Bandes sowie auf schwankenden Anpreßdruck
zurückzuführen sind. Diese Fehler liegen bei 5 - 10 % der Maximalamplitude und bringen eine noch größere Verfälschung der Modulation.

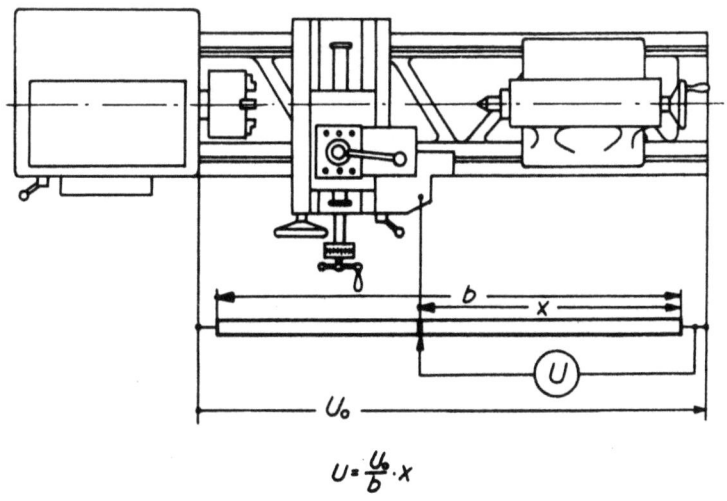

$$U = \frac{U_0}{b} \cdot x$$

A b b i l d u n g   2

Eine weitere Möglichkeit bietet die Frequenzmodulation. Aber auch hier
stößt man auf Schwierigkeiten. Der Abstand zweier markanter Punkte auf
dem Tonband ist von der Aufnahmegeschwindigkeit v abhängig. Normalerweise wird zum Antrieb des Bandes ein Motor benutzt, dessen Drehzahl
sich mit der Netzfrequenz ändert. Die Frequenzschwankungen des Netzes
liegen bekanntlich in der Größenordnung $\pm$ 1 %. Dieselben Frequenzschwankungen erhält man aber auch beim Abspielen des Bandes, wenn die
Netzfrequenz sich ändert. Liegt die Netzfrequenz z.B. zur Zeit der Aufnahme bei 49,5 Hz und ist die aufzunehmende Frequenz 1000 Hz, so erhält
man bei einer Wiedergabe mit der Netzfrequenz 50 Hz eine Frequenz von
1010 Hz. Hinzu kommen noch Fehler, die durch eine periodische Ungleichförmigkeit der Bandgeschwindigkeit, meist durch eine unrundlaufende
Tonrolle bedingt, hervorgerufen werden. Bei den gebräuchlichen Antrieben
liegt diese Ungleichförmigkeit zwischen 0,1 - 0,4 %. Auf Grund dieses
Fehlers würde eine aufgespielte Frequenz von 1000 Hz beim Abspielen

um 1 - 4 Hz periodisch schwanken. Mit dieser Methode läßt sich also ebenfalls ein Auflösungsvermögen von 10^{-5}, wie es in unserem Beispiel gefordert wird, nicht erreichen. Das gleiche gilt für die der Frequenzmodulation sehr nahe kommene Phasenmodulation. Selbst, wenn man in den beiden letzt genannten Fällen zusätzlich eine Bezugsfrequenz oder Bezugsphase mit auf dem Tonband speichert, reicht das Auflösungsvermögen der Demodulatoren nicht an den gewünschten Wert heran. Ähnlich liegen die Verhältnisse bei der Speicherung von Impulsmodulationsarten. Eine Ausnahme bildet die Impulsfrequenzmodulation, bei der die Gesamtbewegung des Supportes aus kleinsten nicht mehr weiter unteilbaren Einheiten zusammengesetzt ist und pro Einheit, z.B. 1μ, ein Impuls abgegeben wird.

Aus der Gesamtzahl der Impulse errechnet sich der zurückgelegte Weg. Die Pulsfrequenz gibt die Geschwindigkeit an. Diese Art der Positionierung oder Lageeinstellung führt auf ein digitales Regelungssystem, dessen Untersuchung einem späteren Zeitpunkt vorbehalten sein soll.

Um überhaupt mit einem analogen, d.h. stufenlosen System arbeiten zu können, muß also das erforderliche Auflösungsvermögen kleiner gemacht werden. Das wurde in folgender Weise erreicht: Bei gleichbleibender Genauigkeit von 10^{-2} mm wird die Gesamtstrecke aus kleineren Abschnitten von 3,6 mm zusammengesetzt. Diese 3,6 mm werden mit Hilfe einer Zahnstange und eines passend dimensionierten Übersetzungsgetriebes in eine Winkeldrehung von $360°$ umgesetzt. Gelingt es nun, diese $360°$ auf $1°$ genau einzuhalten, was auf ein Auflösungsvermögen von $\frac{1}{360}$ hinausläuft, so läßt sich die Schlittenbewegung auf 10^{-2} mm genau messen. Ein Stellungsfühler, der diese Aufgabe lösen kann, ist der Drehfeldgeber (Abb. 3).

Dieser besitzt einen Stator, der mit Drei-Phasenstrom gespeist wird. Wie bei einem Drehstrommotor wird dadurch ein Drehfeld erzeugt. In der Wicklung des Rotors wird bei Stillstand durch dieses Drehfeld eine Spannung gleicher Frequenz aber mit einem sich je nach Drehwinkel ändernden Phasenwinkel induziert. Die Drehung des Rotors bewirkt also eine Phasenänderung der Rotorspannung, die über Schleifringe abgenommen werden kann. Derartige Drehfeldsysteme werden mit einer Genauigkeit von $< 0,5°$ geliefert. Die Abbildung 3 zeigt schematisch den Aufbau sowie ein Baumuster der Firma Schoppe & Faeser, Minden.

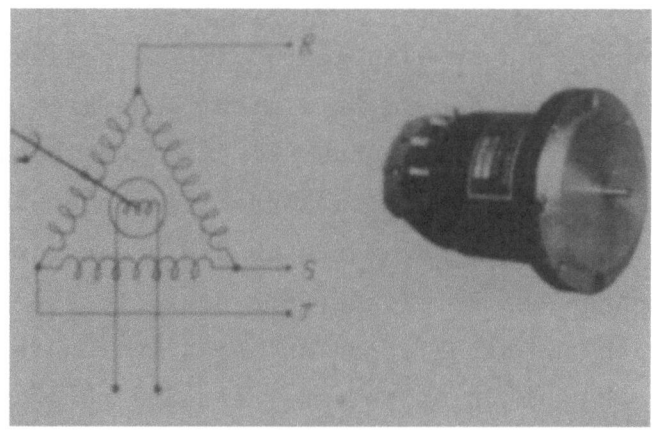

A b b i l d u n g   3
Drehfeldgeber (System Fa. Schoppe & Faeser GmbH., Minden/Westf.)

Die Rotorspannung wird zusammen mit einer Bezugsspannung, die z.B. zwischen den Punkten R und S entnommen werden kann, auf dem Magnetband aufgezeichnet. Ebenfalls muß die Rotorspannung des 2. Stellungsfühlers sowie eine Hilfsfrequenz, die das Ende des Bearbeitungsvorganges anzeigt, auf dem Magnetband gespeichert werden. Dabei ist es möglich, trotz dieser 4 erforderlichen Signale mit einer Spur auszukommen, indem man sich der Trägerfrequenztechnik bedient, wie sie in der Fernsprechtechnik üblich ist.

Abbildung 4 zeigt das Blockschaltbild für diesen Fall. Das Signal des Drehfeldgebers 1 wird einer Trägerfrequenz 1, das Signal des Drehfeld-

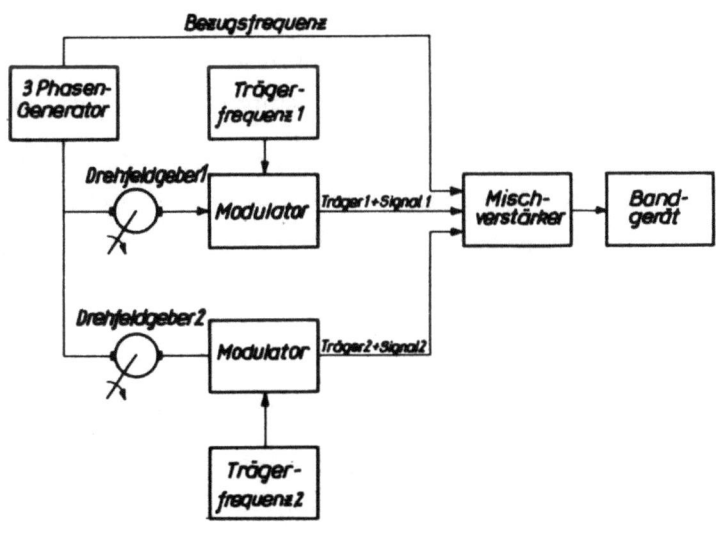

A b b i l d u n g   4

gebers 2 einer Trägerfrequenz 2 aufgedrückt. Die beiden Träger gelangen mit der Bezugsfrequenz und der im Bild nicht gezeigten Hilfsfrequenz in den Mischverstärker und von da aus auf das Magnetband. Der bei der Demodulation erforderliche Aufwand an Schaltelementen und Filtern ist sehr beträchtlich. Ebenfalls machten sich die schon vorher erwähnten Amplitudenschwankungen bei der Wiedergabe sehr störend bemerkbar. Aus diesem Grunde wurden für die hiesige Anlage 4 getrennte Spuren vorgesehen und von der Phasenmodulation einer sin-Spannung auf eine Pulsphasenmodulation übergegangen. Dabei wird jeder Nulldurchgang der Rotorspannung mit positiver Steigung, der pro sin-Welle nur einmal vorkommt, mit Hilfe von Impulsformern in einen kurzen Nadelimpuls umgewandelt und dieser neben der sinusförmig verbliebenen Bezugsfrequenz auf dem Magnetband gespeichert. Da der für diese Modulationsart erforderliche Dynamikbereich wesentlich geringer ist (etwa 20 - 30 db), kann man mit einer sehr viel kleineren Spurbreite auf dem Magnetband auskommen. Auf diese Art und Weise wurde es unter Verwendung von 4 kombinierten Aufnahme-Wiedergabeköpfen der Firma Süd-Atlas, Type 3 EW 121 mit einer Spurbreite von nur 0,8 mm möglich, noch normales Tonband von 1/4 Zoll Breite zu verwenden.

3. Magnetbandgerät

Die Festlegung der Magnetbandbreite auf 1/4 " macht es möglich, als Magnetbandgerät ein käufliches Chassis zu verwenden. Allerdings muß darauf geachtet werden, daß der Antriebsmotor in diesem Falle das Magnetband an 5 Köpfen (4 Signal- und ein Löschkopf) vorbeiziehen muß. Da Geräte, die für große Spulendurchmesser ausgelegt sind, auch einen kräftigeren Motor besitzen, fiel die Wahl auf das Grundig-Chassis TM 819, das ebenfalls die für die Versuche sehr angenehme Umschaltung der Bandgeschwindigkeit von 9,5 auf 19 cm ermöglicht.

4. Der Stellungsfühler

Wie schon oben erwähnt, sollen zur Messung der Verschiebung des Supportes in x- und y-Richtung Drehfeldgeber eingesetzt werden. Vorhanden waren 2 Systeme vom Typ Lorenz Drs 404/24/68-50 (aus Luftwaffenbeständen). Die Statorwicklung dieser Drehfeldgeber wurde in Vorversuchen aus dem Dreiphasengenerator mit einem Innenwiderstand von rund 3 kΩ gespeist.

Bei einer Drehung des mit 20 kΩ belasteten Rotors um 360° ergaben Messungen mit einem Spannungsmesser 2 eindeutige Minima, die ca. 33 % unter der Normalspannung lagen. Oszillographische Messungen der Rotorspannung zeigten eine sehr starke Verzerrung der Sinus-Spannung, die 6 mal pro Umdrehung besonders stark auftrat und bei kleinerem Rotorwiderstand größer wurde. Da sich gleichzeitig die Null-Durchgänge verschoben, waren die Typen für diesen Zweck ungeeignet.

Daraufhin wurde ein Drehfeldgeber Typ S 70 r der Firma Schoppe & Faeser beschafft und durchgemessen. Hier zeigte sich, wenn auch etwas schwächer, derselbe Effekt. Eine eingehende Untersuchung der Rotorwicklung brachte folgendes Ergebnis; der im Normalfall als Null-Indikator eingesetzte Drehfeldgeber trug eine zur Linearisierung der Charakteristik Ausgangsspannung - Winkeldrehung bestimmte Dämpferwicklung. Nach Auftrennen dieser Wicklung war keinerlei Rückwirkung auf die Amplitude der 3 Phasen-Spannung mehr festzustellen und die elektrische Winkeldrehung streng proportional der mechanischen Wellendrehung. Als Sonderanfertigung wurden 2 Drehfeldsysteme ohne diese Dämpferwicklung von derselben Firma geliefert und als Stellungsfühler vorgesehen. Die Umwandlung der Längs- in eine Drehbewegung wurde durch eine schrägverzahnte Zahnstange und ein Ritzel erreicht. Um auf eine genügende Genauigkeit der Ablesung zu kommen, wurde ein Meßgetriebe mit 5-facher Übersetzung zwischengeschaltet. Das ergibt bei einem Teilkreisdurchmesser des Ritzels von 10,5 mm und einem Auflösungsvermögen des Drehfeldgebers von 0,5° eine theoretische Genauigkeit von $0,92 \cdot 10^{-2}$ mm.

5. Stellglieder

Da die ausgewählte Drehbank keinerlei hydraulische Bauelemente enthält, sollen für den Vorschubantrieb Gleichstrom-Nebenschlußmotoren eingesetzt werden. Eine stufenlose Drehzahleinstellung der Motoren kann mit Magnetverstärkern, Leonard-Umformern, Amplidyne-Verstärkern oder durch eine Thyratronsteuerung erzielt werden. Von diesen Kraftverstärkern hat der letztgenannte die geringste Zeitkonstante und damit die günstigsten Regeleigenschaften. Zur Dimensionierung des Antriebes muß zunächst das für eine Verstellung des Supportes erforderliche Drehmoment ermittelt werden. Im folgenden soll die Berechnung der Motorleistung am Beispiel des Plansupport-Antriebes gezeigt werden.

Am Handrad zur Bewegung des Plansupportes ist ein Drehmoment von 0,05 mkg zur Überwindung der ruhenden Reibung erforderlich. Dieser Wert erhöht sich bei der Zerspanung auf ca. 0,25 mkg. Da die max. Vorschubgeschwindigkeit 2 mm/sec sein soll und das einer halben Vorschubspindeldrehung pro sec entspricht, berechnet sich die Leistung zu

$$0,25 \text{ mkg} \cdot \frac{2\pi}{2} = 0,785 \text{ mkg/sec}$$

Das entspricht einer elektrischen Leistung von 7,7 Watt. Zur Untersetzung der hohen Motordrehzahl werden ein Schneckengetriebe sowie zwei Zahnradpaarungen vorgesehen. Somit erhöht sich die Leistung auf

$$\frac{7,7}{0,2 \cdot 0,8 \cdot 0,8} = 60 \text{ Watt}$$

Um den Motor bei langanhaltenden geringen Tourenzahlen infolge schlechter Lüftung nicht zu überlasten, wurde eine Type von 180 Watt und 1420 U/min ausgewählt. Das bringt weiter noch folgende Vorteile:

Für die Beschleunigung aus dem Stillstand ist das Trägheitsmoment des Motors zu überwinden. Je größer jedoch das beschleunigende Moment ist, um so geringer ist die Zeitkonstante bei gleichem Trägheitsmoment. Das Beschleunigungsmoment ist aber die Differenz aus dem Motormoment und dem Lastmoment. Die Forderung nach ausreichender Wärmebelastbarkeit und die dadurch bedingte Auswahl eines stärkeren Motors bringt also auch hinsichtlich der Zeitkonstante einen Vorteil.

Mit der Übersetzung 1420/63/31,5 U/min und einer Vorschubspindelsteigung von 4 mm/U ergibt sich eine max. Vorschubgeschwindigkeit von

$$\frac{31,5 \cdot 4}{60} = 2,1 \text{ mm/sec}$$

Nach denselben Gesichtspunkten wurde der Motor für den Längsvorschub mit 200 Watt berechnet. Als Untersetzungsgetriebe wird hierfür das Vorschubgetriebe der Drehbank vorgesehen, das eine bequeme Änderung der Vorschubgeschwindigkeit zu Versuchszwecken gestattet.

6. Bedienung der Anlage

Um eine schnelle und sichere Bedienung der Anlage zu gewährleisten, müssen alle für den Betrieb erforderlichen Steuerbefehle von der Drehbank aus gegeben werden können. Es sind erforderlich:

Start - Stop für die Vorschubmotoren,
Start - Stop - Rücklauf für das Magnetbandgerät.

Wird die Rücklauftaste gedrückt, so muß der Support in eine genau definierte Null-Stellung zurücklaufen. Unabhängig davon geschieht das Zurückspulen des Magnetbandes. Der Rücklauf des Supportes muß beim Ausdrehen in der Reihenfolge Plan - Längs. beim Innendrehen in der Reihenfolge Längs - Plan erfolgen.

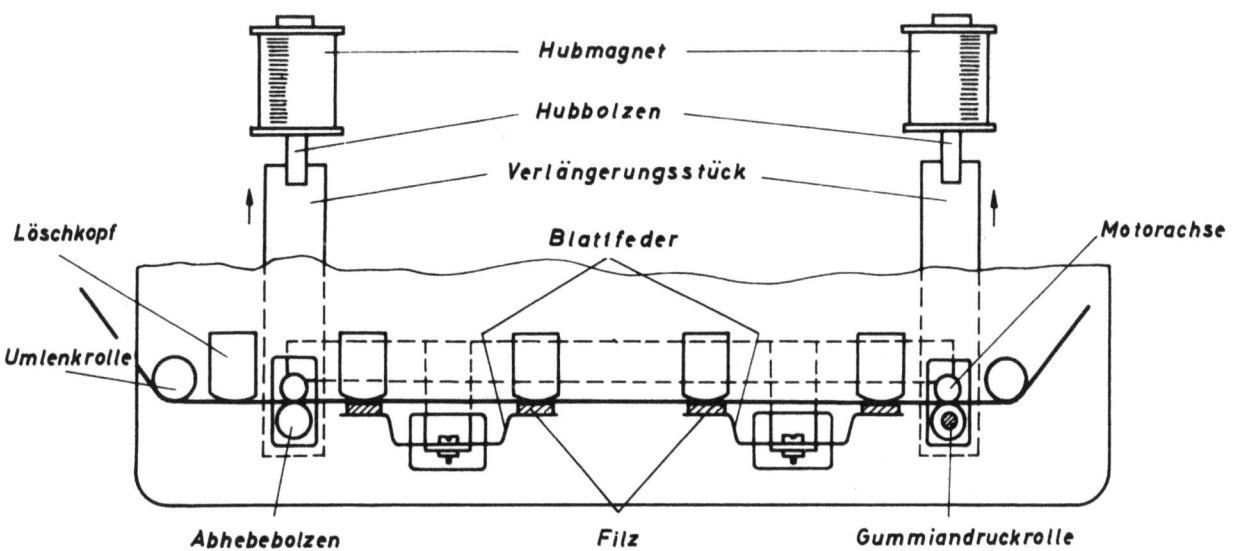

A b b i l d u n g   5
Anordnung der Magnetköpfe und Bandführung

II. Aufbau der einzelnen Bausteine

1. Magnetbandgerät

Als Magnetbandgerät wird ein Grundig-Chassis TM 819 vorgesehen. Da von diesem lediglich das Laufwerk benötigt wird, werden die anderen Bauelemente wie Verstärker, Umschalter, Löschgenerator usw. entfernt. Ebenfalls muß die Kopfträgerplatte neu konstruiert werden, da jetzt 5 Köpfe unterzubringen sind (Abb. 5).

Um ein gleichmäßiges Anliegen des Bandes an allen Köpfen zu gewährleisten, wird ein zweiter Hubmagnet vorgesehen. Zwischen den beiden Hubmagneten befindet sich eine Brücke, auf der filzbelegte Andruckfedern befestigt sind. Die Tonköpfe sind einzeln auf einer kleinen Trägerplatte befestigt und können mit drei Schrauben und Gegenfedern justiert werden.

2. Löschfrequenz-Generator

Die relativ niedrige Eigenfrequenz der hochinduktiven kombinierten Aufnahme-Wiedergabeköpfe begrenzt die Löschfrequenz auf ca. 20 kHz, da der Löschfrequenz-Generator auch gleichzeitig die für eine verzerrungsarme Wiedergabe der sin-Spannung benötigte HF-Vormagnetierung liefern soll. Die Schaltung des Generators ist in Abbildung 6 gezeigt, und weist keine besonderen Einzelheiten auf. Die Leistung für den Löschkopf wird einer auf dem Schwingtrafo angebrachten Anpassungswicklung entnommen. Die Vormagnetisierungsspannung wird über einen Kondensator von 400 pF ausgekoppelt.

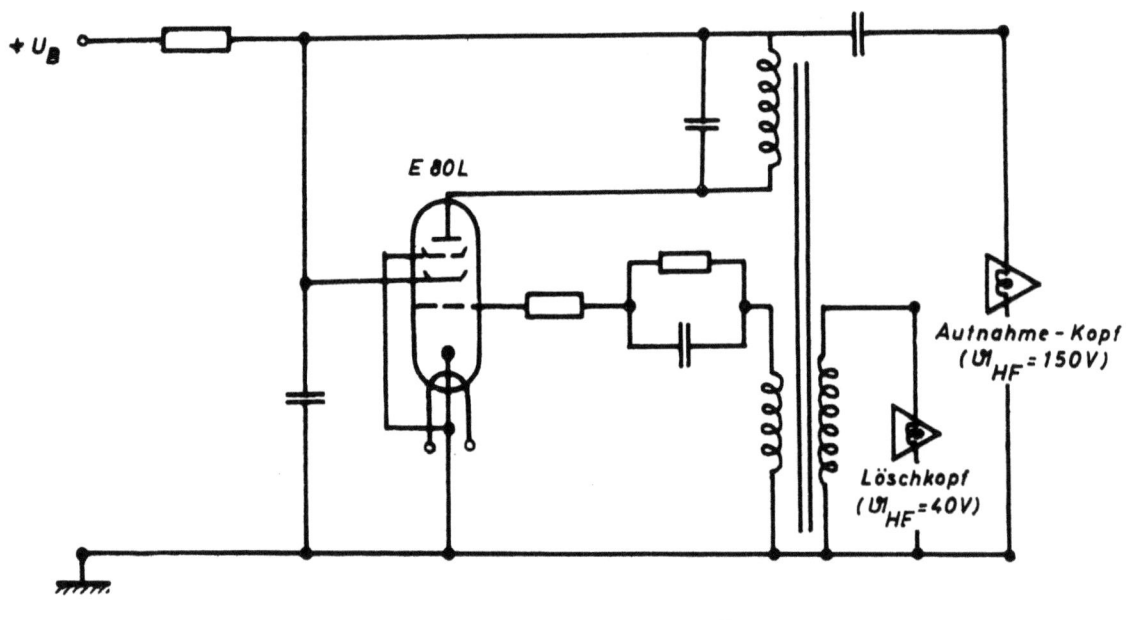

A b b i l d u n g   6
HF-Generator, Prinzipschaltbild

3. 200 Hz-Oszillator mit Drei-Phasen-Generator und Phasenkompensation

Für die Wahl der Bezugsfrequenz sind zwei Gesichtspunkte maßgebend:

a) Einfluß der dynamischen Banddehnung: Der Abstand der einzelnen Tonköpfe auf der Kopfträgerplatte beträgt ca. 30 mm. Die Anordnung wird so getroffen, daß der Kopf für die Leitfrequenz in der Mitte zwischen den beiden Köpfen für die Impulse steht. Um den Einfluß dynamischer Laufschwankungen, die eine Banddehnung zur Folge haben, gering zu halten, muß die Frequenz möglichst niedrig liegen. Bei einer Bandgeschwindigkeit von 19 cm/sec und einer rel. Banddehung von 2%/kg ergibt das bei einem Kopfabstand von 3 cm folgenden Wert:

$$\frac{0,02 \cdot 3 \cdot f \cdot P}{19} = 0,00316 \; f \cdot P$$

darin sind f in Hz und P in kg einzusetzen. Daraus läßt sich bei einer verlangten Genauigkeit von 1° und einer Wechselkraftamplitude von 5 g Spitze eine Frequenz von ca. 179 Hz errechnen.

b) Einfluß des Verhältnisses Signal- zu Trägerfrequenz auf die Phasendrehung der Filter

Zur Steuerung des Thyratronaggregates wird eine Gleichspannung benötigt, deren Amplitude vom Tastverhältnis der Rechteckspannung, die vom Phasenvergleich geliefert wird, bestimmt wird (Abb. 7a).

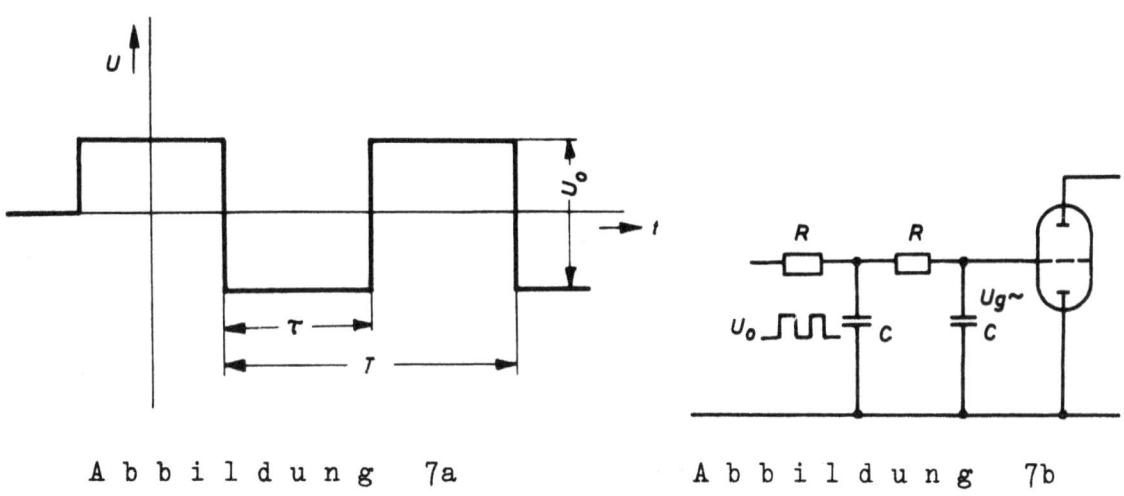

A b b i l d u n g   7a   A b b i l d u n g   7b

Die Fourier-Analyse ergibt hier eine Wechselspannungsamplitude der Grundwelle von $\frac{2}{\pi} \cdot U$, die als niedrigste Frequenz ausgefiltert werden muß. Dabei darf die Restwelligkeit nicht größer als 1 % von U sein. Vorgesehen ist eine Hintereinanderschaltung von 2 RC-Filtern (Abb. 7b).

Pro Filter ist eine Abschwächung auf 10 % notwendig. Da der Belastungswiderstand der Siebkette (Eingangswiderstand der Röhre) groß gegen R und $\frac{1}{j\omega C}$ klein gegen R ist, kann man mit folgender Näherung rechnen.

$$\frac{1}{10} = \frac{1}{R\omega C} \quad \text{oder} \quad \frac{f}{10} = \frac{1}{2\pi RC}$$

Soll die Phasendrehung pro Glied bei 25 Hz ~ 45° betragen, dann ergibt das eine Frequenz von f = 250 Hz. Die Trägerfrequenz müßte also, nach diesem Gesichtspunkt berechnet, gleich oder größer 250 Hz sein. Gewählt wurde auf Grund der angestellten Überlegungen eine Frequenz von 200 Hz.

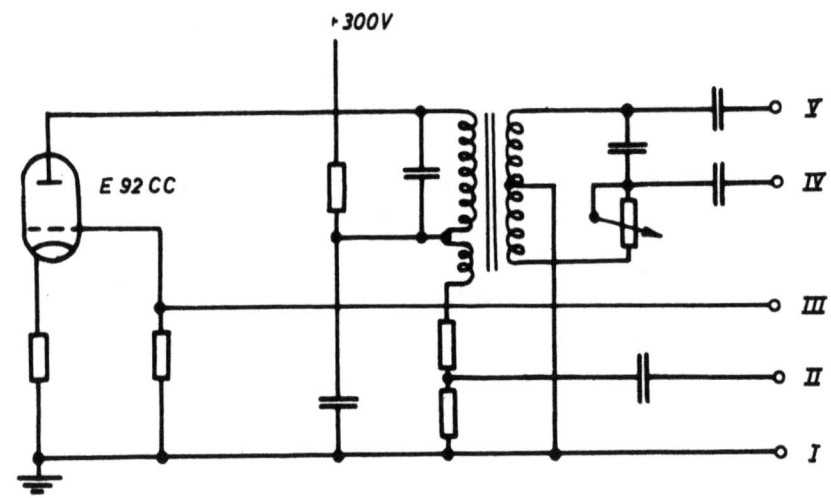

A b b i l d u n g   8
Oszillator, Resonanzverstärker

Der Oszillator ist in Dreipunktschaltung aufgebaut (Abb. 8). Die Sekundärseite des Schwingtransformators trägt eine Wicklung mit Mittelanzapfung. Durch eine RC-Kombination wird die Phasenlage einer der beiden Ausgangsspannungen bei gleichbleibender Amplitude um 90° ± 45° veränderlich gestaltet. Beim Kurzschließen der Klemmen II und III schwingt der Oszillator, bei offenen Klemmen wirkt die Anordnung als Resonanzverstärker. Die beiden Klemmen IV und V liefern die Steuerspannung für den Drei-Phasen-Generator, dessen Prinzipschaltbild in der Abbildung 9 dargestellt ist.

Er besteht aus zwei Endröhren, von denen die eine im Anodenkreis den Scott-Höhentrafo, die andere den Basistrafo besitzt. Durch Einjustieren der Phasenlage und der Verstärkung läßt sich auf diese Weise eine Drei-Phasen-Spannung gewinnen, die an den Klemmen RST abgenommen werden kann und mit der die Drehfeldsysteme gespeist werden. Mit Hilfe passender Kondensatoren läßt sich eine Resonanzabstimmung erzielen, die eine verzerrungsarme sin-Spannung liefert.

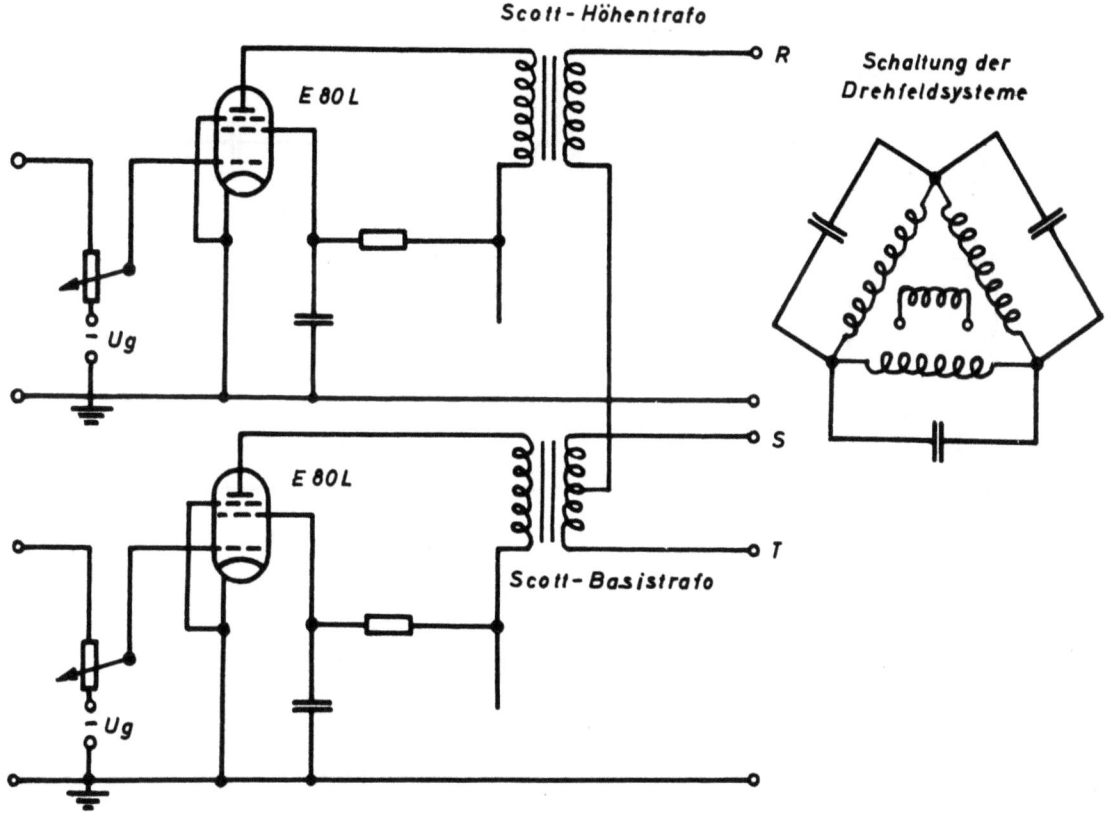

Abbildung 9
Prinzipschaltbild des Dreiphasengenerators

4. Aufnahmeverstärker

Jeder Nulldurchgang der vom Rotor des Drehfeldgebers gelieferten sin-Spannung mit positiver Steigung muß in einen kurzen Impuls umgewandelt werden. Besonderes Augenmerk ist darauf zu richten, daß eine Amplitudenänderung der Eingangsspannung keine Phasendrehung zur Folge hat, da diese ein Eingangssignal vortäuschen würden. Das Prinzipschaltbild des Impulsformers zeigt Abbildung 10. Die Wirkungsweise ist folgende:

An den Eingang wird die sinusförmige Spannung des Rotors gelegt. Die erste Germaniumdiode schließt den gesamten negativen Teil der sin-Spannung kurz, die zweite Germaniumdiode erhält eine Vorspannung von ca. 1,5 V und schließt somit nur die positive Spannung, die 1,5 V überschreitet, kurz. Die am Gitter der ersten Triode erscheinende Kurvenform der Spannung zeigt Abbildung 1. Da nur ein kleiner Teil der gesamten Amplitude übrig bleibt, wird praktisch nur der Null-Durchgang der sin-Kurve zur Aussteuerung der Röhre benutzt und eine Unabhängigkeit von Amplitu-

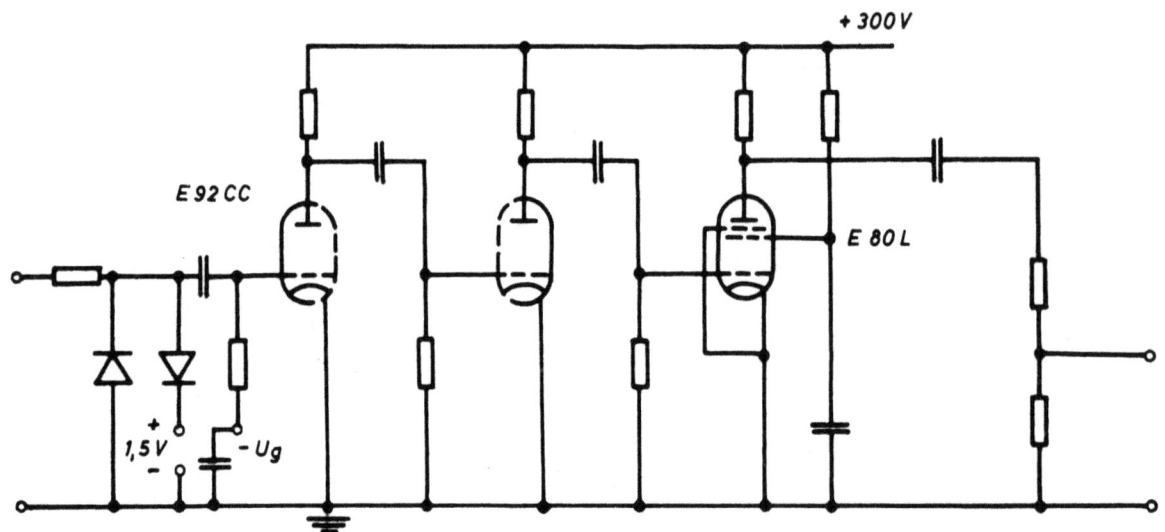

Abbildung 10
Prinzipschaltbild des Impulsformers

denschwankungen erreicht. Die so gewonnene Spannung wird durch 2 Triodenstufen verstärkt. Abbildung 12 zeigt die Spannung an der ersten, Abbildung 13 an der zweiten Anode. Die Spannung hat jetzt eine Rechteckform mit sehr steilen Flanken bekommen. Durch eine RC-Kombination wird die Spannung differenziert, und am Gitter der Pentode erscheint eine Spannung nach Abbildung 14. Selbst bei einer Gittervorspannung von - 85 V wird die Pentode durch die positiven Impulse durchgesteuert und an der Anode erscheinen Impulse sehr kurzer Dauer mit großer Flankensteilheit. Die Änderung der Phasenlage bei 25 % Amplitudenschwankung der Eingangsspannung beträgt nach Messungen ca. $0{,}27°$ und ist zu vernachlässigen. Der Nadelimpuls wird bei "Aufnahme" auf den Tonkopf, bei "Wiedergabe" auf den Phasendetektor geschaltet.

5. Wiedergabe-Verstärker

Die in den Tonköpfen bei der Wiedergabe induzierte Spannung liegt bei 10 mV und muß verstärkt werden. Dazu sind 4 Verstärker erforderlich:

a) für die Bezugsfrequenz von 200 Hz
b) für das Rücklaufsignal 2000 Hz
c) 2 Verstärker für die Impulse.

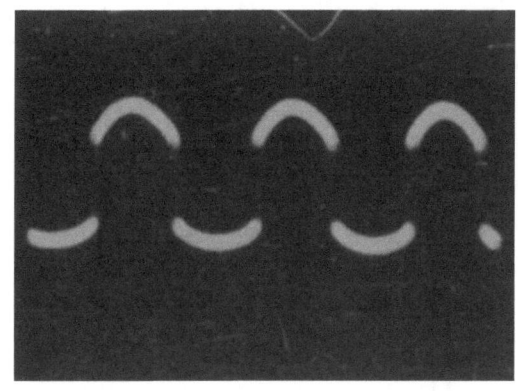

Abbildung 11

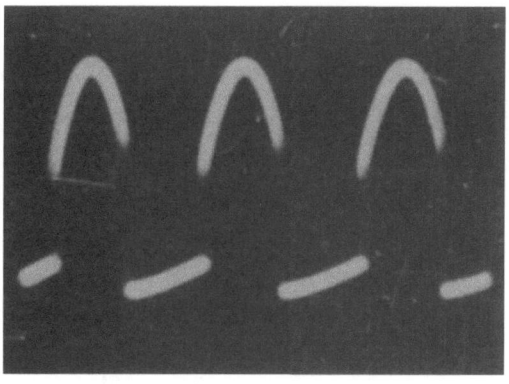

Abbildung 12

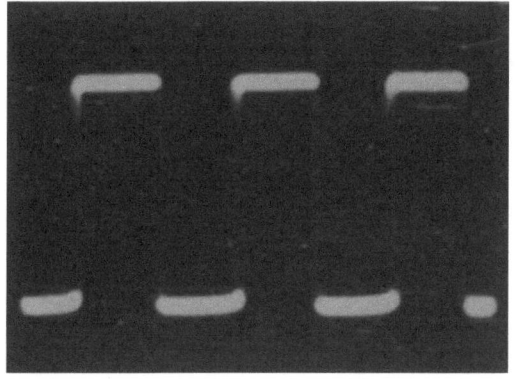

Abbildung 13

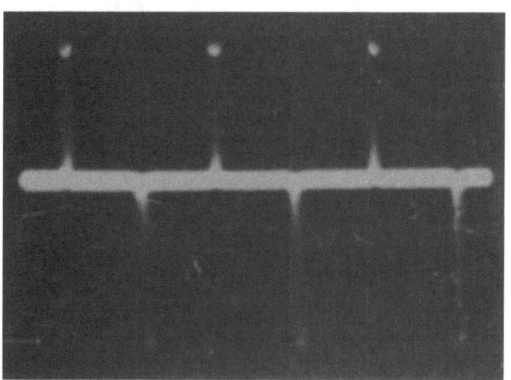

Abbildung 14

Die beiden ersten Stufen dieser Verstärker sind einheitlich aufgebaut. Als Zusatz erhält der 200 Hz-Verstärker nach der letzten Stufe ein Phasendrehglied, das zur Kompensation aller festen Phasendrehungen erforderlich ist. Diese Phasendrehungen werden durch die differenzierende Wirkung der Magnetbandaufzeichnung sowie durch die verschiedenen RC-Kopplungsglieder hervorgerufen und müssen kompensiert werden, da sich sonst die Null-Stellung der gesamten Anordnung ändert. Der Verstärker für das 2 kHz Rücklaufsignal erhält keine Besonderheiten. Er liefert bei Vorhandensein eines Signales auf dem Band die für den Betrieb des Frequenzrelais erforderliche Spannung von 30 V.

Die Impulse werden nur in verschliffener Form und dazu differenziert vom Magnetband wiedergegeben. Der Unterschied in der Kurvenform ist in Abbildung 15 deutlich herausgestellt.

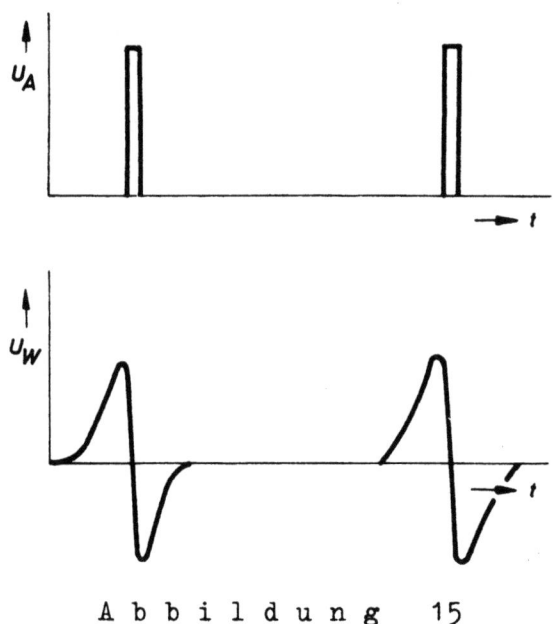

A b b i l d u n g   15

Der Null-**Durchgang** der vom Tonkopf gelieferten Spannung befindet sich demnach in der Mitte des aufgesprochenen Rechteckimpulses. Durch eine Diodenanordnung, wie sie schon beim Impulsformer beschrieben wurde, wird die von den beiden Vorstufen verstärkte Spannung "geklippt", weiter verstärkt und differenziert. Am Ausgang erscheint ein kurzer Impuls, der zeitlich exakt mit dem Null-Durchgang zusammenfällt und zum Phasendetektor weitergeleitet wird.

6. Frequenz-Relais

Zur Überwachung des 200-Hz-Signales sowie für die Einleitung des Rücklaufes von Magnetband und Maschine werden 2 Frequenz-Relais benötigt. Das Schaltbild zeigt Abbildung 16. Die Arbeitsweise ist folgende:

Das Signal gelangt über eine lose Kopplung in den auf die vorgesehene Frequenz abgestimmten Schwingkreis. Die durch eine negative Vorspannung gesperrte Triode wird dadurch während der positiven Halbwellen leitend.

Der jetzt fließende Anodenstrom wird durch ein Relais geleitet und bringt dieses zum Ansprechen. Die Güte des Schwingkreises liegt bei

ca. 20. Die Frequenz des Rücklaufsignales muß also auf
$\frac{2000}{20}$ = 100 = $\pm$ 50 Hz eingehalten werden. Es besteht fernerhin die Möglichkeit, durch andere Frequenzen z.B. 1700 Hz, 1300 Hz, weitere Steuerbefehle auszulösen.

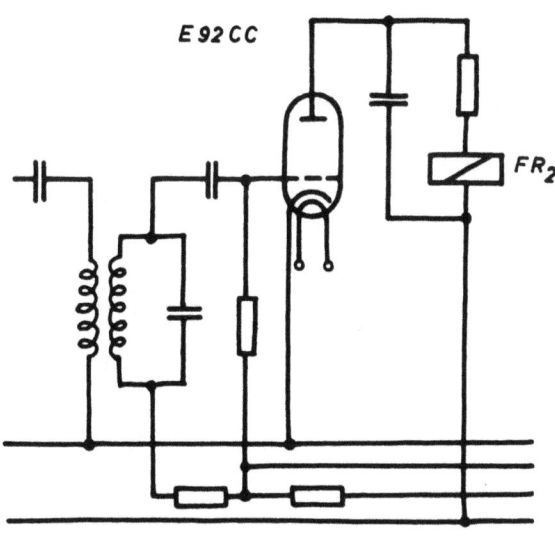

A b b i l d u n g   16
Frequenzrelais, Prinzipschaltbild

7. Impulsphasenvergleich

Der Vergleich zwischen Soll- und Istwert erfolgt in einem beidseitig gesteuerten 'Flip-Flop'. Als Trenn- und Verstärkerröhre wird eine Pentode nachgeschaltet. Das Prinzipbild zeigt Abbildung 17.

Die Schaltung arbeitet folgendermaßen: Die gegenseitige Phasenlage der Impulsreihen zueinander, die vom Bandgerät (Sollwert) und vom Drehfeldsystem (Istwert) kommen, bestimmt das Tastverhältnis der an den Anoden auftretenden Rechteckspannung. Eine Phasenverschiebung von 180° ergibt ein Tastverhältnis $\frac{t}{T}$ = 0,5. Diese Rechteckspannung wird durch die folgende Pentode verstärkt. Die angeschlossene Siebkette bildet den Mittelwert der Rechteckspannung, der eine lineare Funktion des Tastverhältnisses $\frac{t}{T}$ ist. Aus der Abweichung von einem bestimmten Sollwert wird hier also eine Stellgröße erzeugt. Bei dem gewählten Aufbau ergibt sich eine Stellgrößenspannung von 0,5 V/Grad.

Forschungsberichte des Wirtschafts- und Verkehrsministeriums Nordrhein-Westfalen

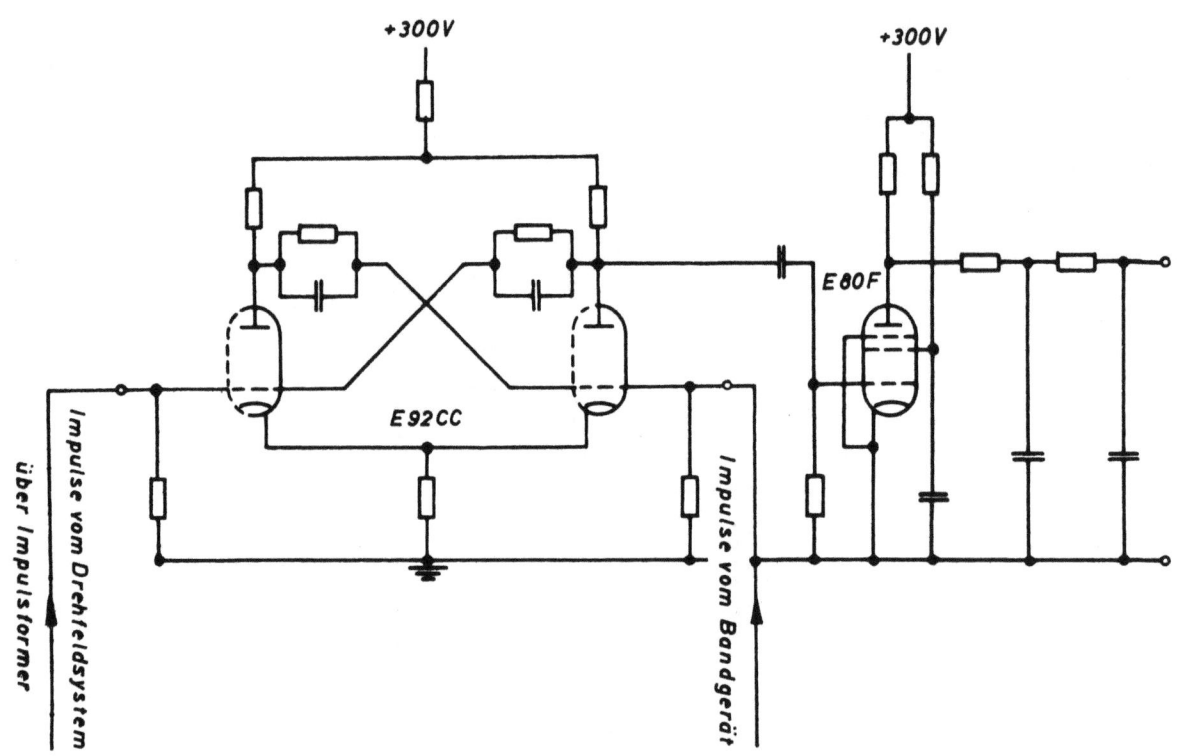

Abbildung 17
Phasendetektor und Stellgrößenerzeugung

8. Stellgrößen-Verstärker

Da die Stellgrößenspannung mit 0,5 V/Grad für die Aussteuerung des Thyratronaggregates nicht ausreichend ist, muß sie weiter verstärkt werden. Diese Aufgabe übernimmt der Stellgrößenverstärker, dessen Aufbau in

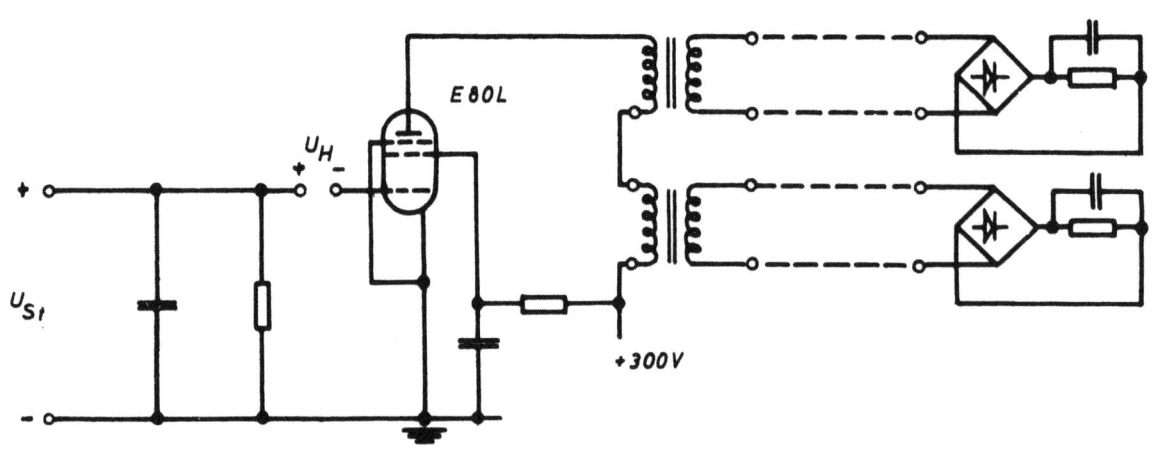

Abbildung 18
Stellgrößenverstärker

Abbildung 18 prinzipiell dargestellt ist. Da eine gleichspannungsmäßige Entkopplung zur Anode der Vorröhre nicht möglich ist, muß deren Anodenspannungsmittelwert durch eine Gegenspannung kompensiert werden. Gleichzeitig dient diese Spannung zur Einstellung einer festen Gittervorspannung der Endpentode E 80 L, die in einem Gebiet mittlerer Steilheit betrieben wird. Da das Filter nur eine Dämpfung von 1 : 100 bewirkt, bleibt noch eine 200 Hz-Wechselspannung von ca. 0,5 V_{eff}. Durch eine Änderung des Tastverhältnisses wird der Arbeitspunkt der Röhre als Folge der Vorspannungsänderung zu Punkten größerer oder kleinerer Steilheit verschoben. Das läßt auch die an den beiden Ausgangsübertragern liegenden Wechselspannungen größer oder kleiner werden. Diese Ausgangsspannungen sind galvanisch getrennt und dienen nach Gleichrichtung und Siebung zur Vertikalsteuerung des Thyratronaggregates, die erzielte Verstärkung liegt jetzt bei 8 V/Grad Phasendrehung.

9. Thyratron-Aggregat

Um ein Reversieren des Antriebsmotors ohne Zeitverlust und Kontakte durchführen zu können, wurden zwei Thyratrons PL 57 antiparallel geschaltet. Es wurde zunächst versucht, diese Röhren durch die gleichgerichtete Stellgrößenspannung direkt auszusteuern. Bei diesen Versuchen stellte sich aber heraus, daß für ein sicheres Anschneiden der Zündlinie eine überlagerte Wechselspannung von 25 V erforderlich ist. Um eine Aussteuerung nach beiden Seiten zu gewährleisten, benötigt man in diesem Falle eine Gleichspannung von ca. 140 V. Weit unangenehmer machte sich aber bemerkbar, daß durch den Gitterstrom während der positiven Halbwellen der Gitterwechselspannung an den RC-Kombinationen der Gleichrichter eine Spannung auftritt, die der Stellgrößenspannung entgegengerichtet ist und die Aussteuerung sehr unempfindlich werden läßt. Die Schaltung wurde auf Grund dieser Tatsachen derart abgewandelt, daß zunächst 2 Thyratronröhren Pl 21 in Vertikalsteuerung betrieben wurden. Für diese Röhrentype ist eine Gitterwechselspannung von 12 V ausreichend. Die erforderliche Stellgrößenspannung liegt bei 70 V. Entsprechend der Röhrentype und ihrer geringen Leistung macht sich der oben erwähnte Gitterstromeffekt kaum bemerkbar. Diese Vorsteuerröhren erzeugen durch einen scharfen Anschnitt der positiven Halbwellen der Anodenspannung Impulse, die zur Horizontalsteuerung der Pl 57 dienen. Das Prinzipschaltbild der zuletzt beschriebenen Anordnung zeigt Abbildung 19.

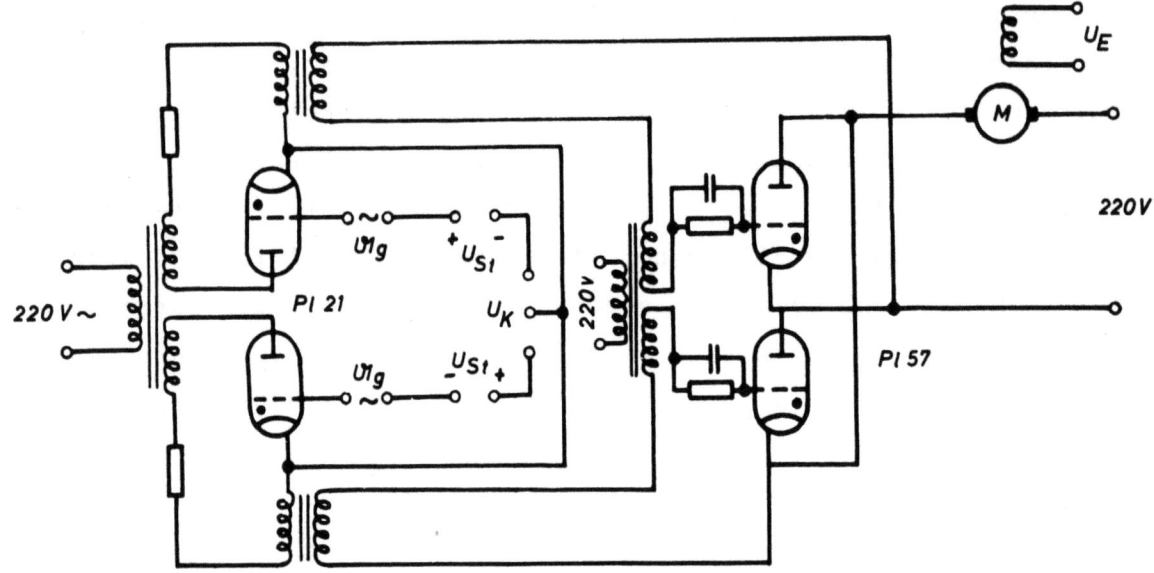

A b b i l d u n g   19
Prinzipschaltbild des Thyratronaggregates

10. Automatische Druckknopf-Steuerung

Die Bedienung der Aufnahme- und Wiedergabeeinrichtung soll mit möglichst wenigen und einfachen Handgriffen möglich sein. Verwechslungen und Fehlschaltungen dürfen nicht vorkommen. Für die praktische Ausführung wurden daher folgende Richtlinien festgehalten:

a) Je eine Drucktaste für "Vorlauf", "Stop" und "Rücklauf" an der Drehbank.

b) Eine Taste für "Aufnahme" am Steueraggregat, die nur von einer Aufsichtsperson bedient werden kann. Die Stellung "Aufnahme" wird durch die Kontrollampe angezeigt.

c) In der Stellung "Aufnahme" wird durch Drücken der "Rücklauf"-Taste ein Signal auf das Band gegeben, das bei Wiedergabe nach Ablauf des Programmes das Band selbsttätig zurückspult.

d) Nach der Aufnahme wird während des Umsteuerns automatisch auf "Wiedergabe" geschaltet.

e) Das Band stoppt selbsttätig nach beendetem Rücklauf.

Das Relaisschaltbild (Abb. 20) soll an dieser Stelle nicht in allen Einzelheiten beschrieben werden.

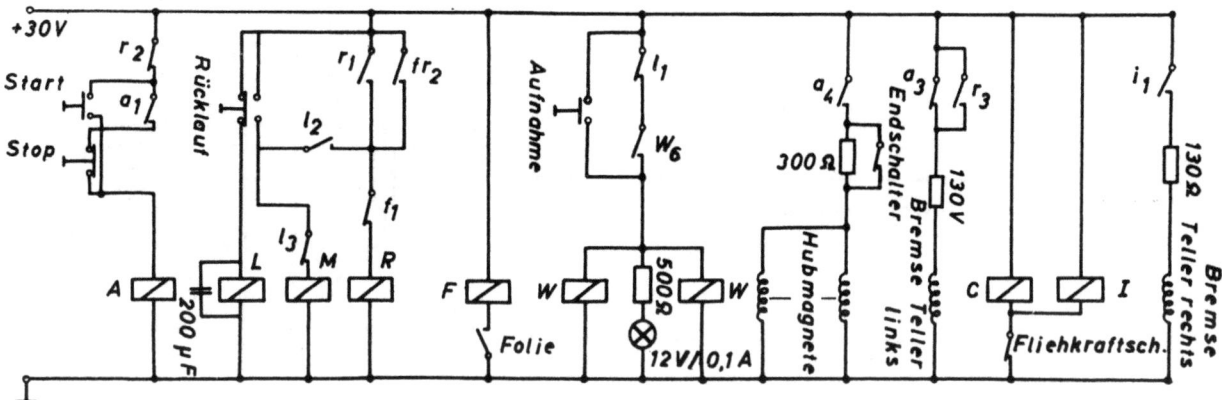

Abbildung 20
Relaisschaltung

11. Handsteuerung

Bei der Steuerung der Motoren von Hand zur Aufnahme des Programmes erwies es sich nicht als zweckmäßig, mit Wechselspannung zu arbeiten. Über die langen Leitungen koppelten die Spannungen für Plan- und Längsvorschub aufeinander ein, so daß beide Vorschubrichtungen nicht mehr unabhängig voneinander gesteuert werden konnten. Es wurde daher zur Gleichspannungssteuerung übergegangen, deren Schaltbild in Abbildung 21 wiedergegeben ist.

Die 50 kOhm Potentiometer sind mit dem Betätigungshebel der einzelnen Vorschubrichtungen auf eine Welle montiert. Die Steuerapparatur wird so vor der Drehbank aufgestellt, daß die Bewegungsrichtung der Hebel mit der des Supportes gleichläuft. Die Potentiometer sind auf der gemeinsamen Achse so aufgebracht, daß bei einer Bewegung des Hebels aus der Stillstandsstellung der eine Abgriff des Potentiometers zu positiveren, der andere nach negativeren Spannungen verschoben wird.

12. Stromversorgung

Zur Speisung der gesamten Anlage wurde 220 V Wechselspannung vorgesehen. Die Thyratrons der Motorstromkreise werden direkt aus dem Netz gespeist. Als Überlastungsschutz sind jeweils Sicherungen von 5 A vorgesehen, die nach dem Durchbrennen eine Glimmlampe aufleuchten lassen. Für die Heizung sämtlicher Röhren sind 15 A, für die Anodenstromversorgung 2 x 300 V 200 mA erforderlich. Hinzu kommen an Gitter- bzw. Kompensationsspannungen 3 x 150 V, 1 x 85 V, die durch Glimmröhren stabilisiert sind. Eben-

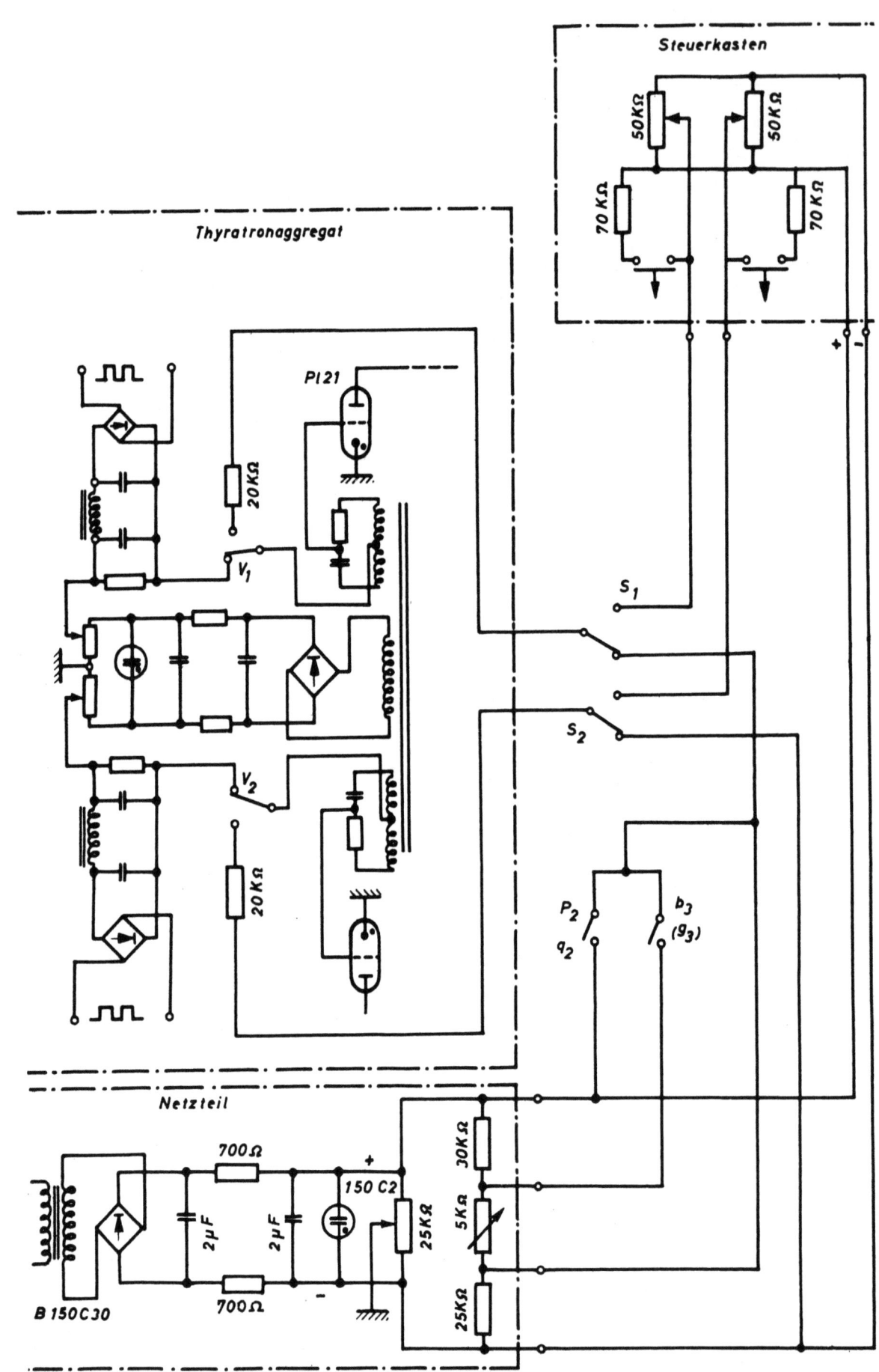

Abbildung 21

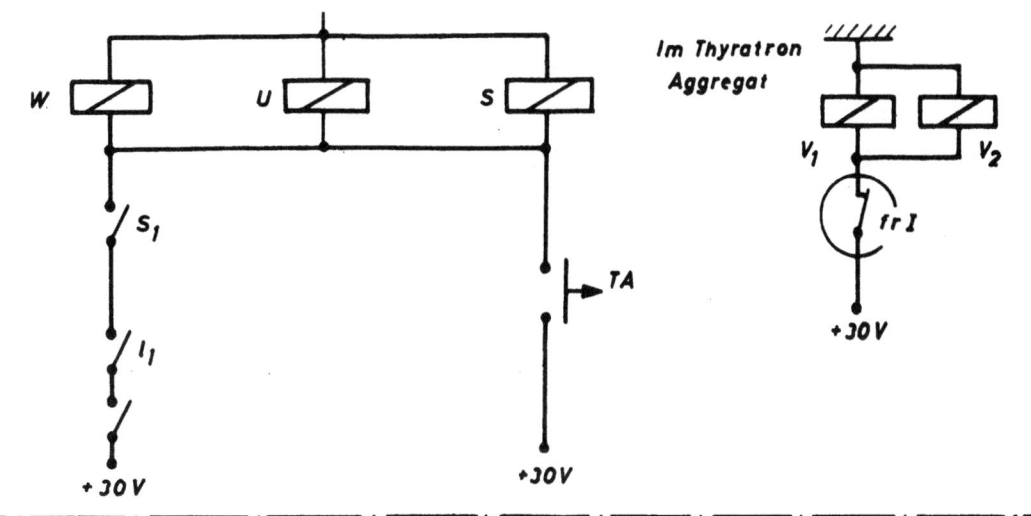
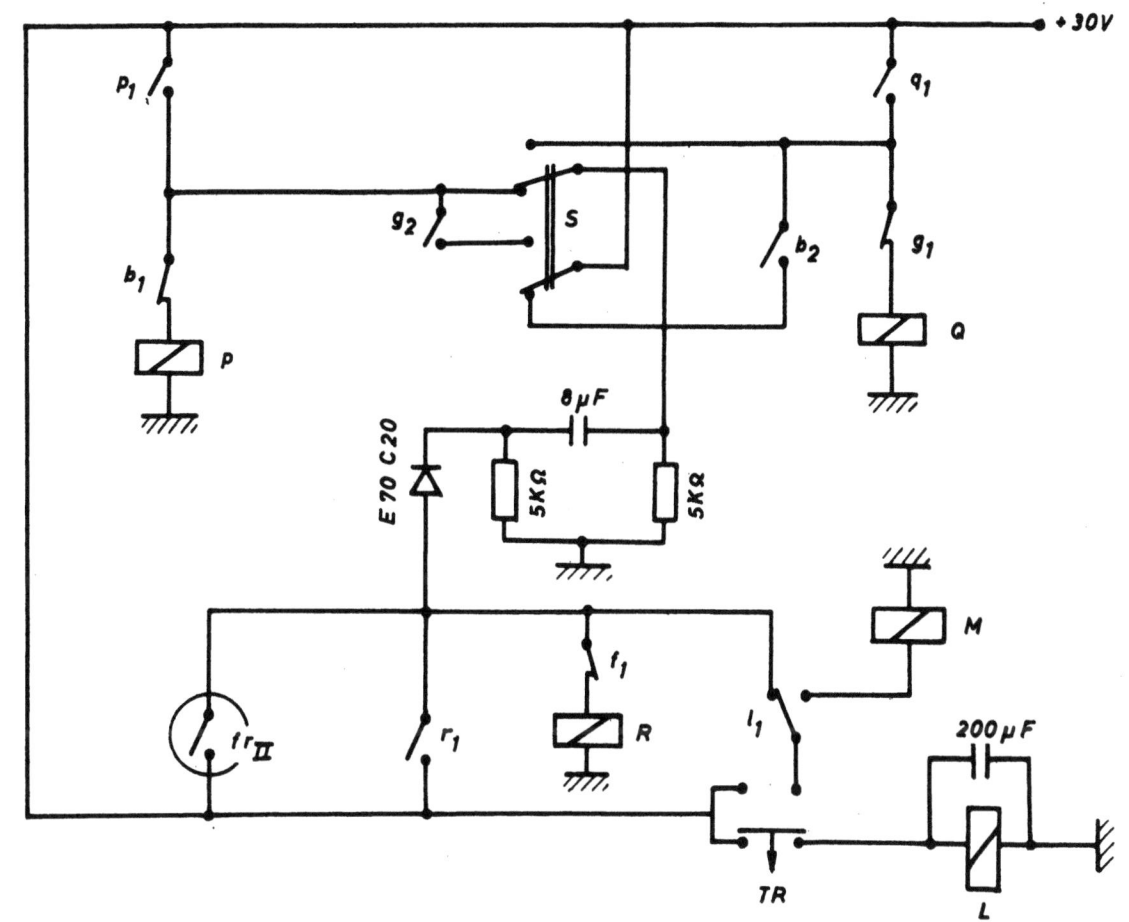
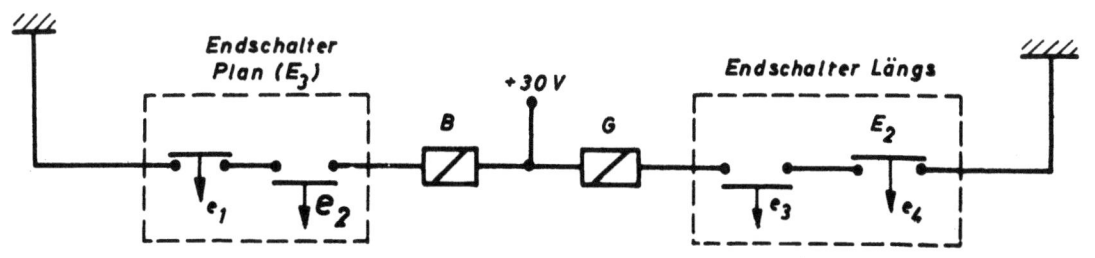

TA = Taste für Aufnahme ; TR = Taste für Rücklauf

Abbildung 21a

falls wurde eine Stabilisierung der Anodenspannungen für die Phasendetektoren erforderlich. Da es sich bei diesem Netzgerät um eine normale Schaltung handelt, kann auf die Angabe näherer Einzelheiten verzichtet werden.

Sämtliche Baueinheiten sind in der Form von Einschüben konstruiert, die von der Front- bzw. Rückseite zugänglich sind und ein schnelles Auswechseln von Bauelementen für die verschiedensten Untersuchungen ermöglichen. Das gesamte Gestell ist fahrbar. Abbildung 22 zeigt das Steuergerät mit Handsteuerkasten an der Drehbank.

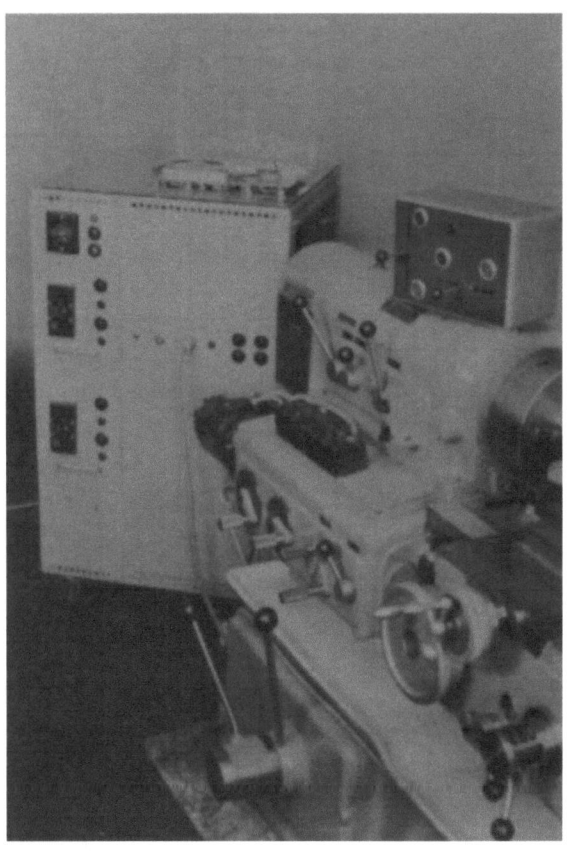

Abbildung 22

III. Wirkungsweise der Magnetbandsteuerung

Das Zusammenwirken aller Baugruppen soll in zusammenhängender Form noch einmal kurz erläutert werden.

Durch Drücken der "Aufnahme"-Taste wird das Gerät auf die Aufnahme vorbereitet (Abb. 23). Dieser Zustand ist an einer roten Kontrollampe sowohl am Steuerschrank als auch am Handsteuerkasten erkennbar. Nach der Anheizzeit von 5 min sind die Thyratronaggregate "Plan" und "Längs" einzuschalten. Der 200 Hz-Oszillator schwingt und speist über die 3 Phasengeneratoren die zwei Drehfeldsysteme. Die Impulsformer und die Bezugsfrequenz sind auf die Tonköpfe geschaltet, der 2 kHz-Generator für das Rücklaufsignal vorbereitet. Die Steuerung des Thyratronaggregates ist auf den Handsteuerkasten umgeschaltet. Nach kurzem Druck auf die "Start"-Taste des Magnetbandgerätes läuft das Band ab. Durch Betätigen der Handsteuerhebel kann jetzt der Support mit dem Drehmeißel zur Bearbeitung an das Werkstück herangefahren werden. Die max. Laufzeit des Magnetbandes beträgt 45 min. In dieser Zeit muß das Werkstück fertig bearbeitet sein. Ist während der Bearbeitung eine Messung am Werkstück erforderlich, so können Tonband und Support durch Betätigen der "Stop"-

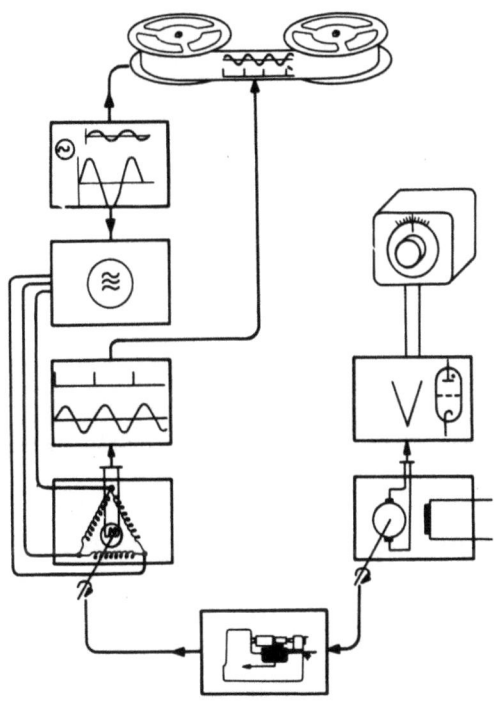

A b b i l d u n g   23

Taste stillgestezt werden. Nach Vollendung sämtlicher Drehoperationen wird die Taste "Rücklauf" gedrückt. Dieser setzt nach ca. 1 sec ein. In der Zwischenzeit ist der 2 kHz-Oszillator auf die 4. Spur des Magnetbandes geschaltet worden. Der Rücklauf von Drehbank und Magnetband erfolgt unabhängig voneinander. Der Support läuft bei der Schalterstellung

"Außendrehen" zuerst in Plan- und dann in Längsrichtung in die Null-Position. In der Stellung "Innendrehen" ist die Reihenfolge umgekehrt. Das Rücklaufsignal schaltet ebenfalls die gesamte Anlage auf "Wiedergabe" um.

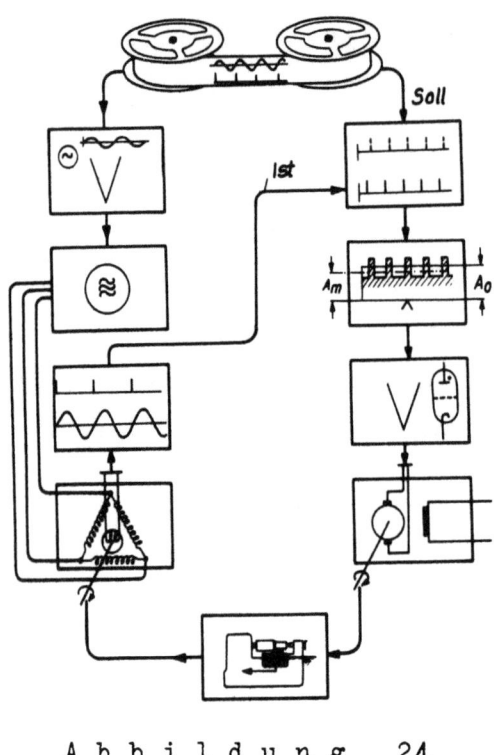

A b b i l d u n g   24

In dieser Stellung arbeitet der 200 Hz-Oszillator als Resonanzverstärker. Die Tonköpfe liegen an den Wiedergabeverstärkern. Die Impulsformer geben ihre Signale an die Phasendetektoren. Die Thyratronaggregate sind auf die Stellgrößenverstärker geschaltet. Nach dem Drücken der "Start"-Taste für das Magnetbandgerät erhält der Phasendetektor vom Band und von den Drehfeldgebern seine Impulsfolge und vergleicht fortlaufend die Phasenlage. Wandert die Impulsfolge des Bandes infolge der aufgenommenen Bewegung des Supportes aus, so tritt eine Stellgrößenspannung auf, die die Motoren in der verlangten Richtung anlaufen läßt. Auf diese Weise werden vom Magnetband aus dieselben Bewegungen wie bei der Aufnahme erzeugt und das Werkstück erhält die gleiche Form. Ist das Programm beendet, so leitet das 2 kHz-Signal, das bei der Aufnahme auf der 4. Spur gespeichert wurde, den Rücklauf ein. Dieser erfolgt in derselben Form wie bei der Aufnahme.

IV. Regelungstechnische Untersuchungen einzelner Bauelemente sowie Ermittlung von Ansprechempfindlichkeit und Getriebelose

1. Die Zeitkonstante des Reglers

Der Regler setzt sich zusammen aus dem Stellgrößenverstärker und dem folgenden Thyratron-Aggregat. Der Frequenzgang wird beschrieben durch das Verhältnis der Ankerspannung U_M des Gleichstromnebenschlußmotors zum Eingangsphasenwinkel

$$F_R = \frac{U_M(p)}{\varphi(p)} \qquad (1)$$

Es hat wenig Sinn, aus der Fülle der hier vorkommenden Zeitkonstanten eine rein rechnerische Betrachtung des Frequenzganges anstellen zu wollen. Eine brauchbare Näherungslösung bringen folgende Versuche und Überlegungen:

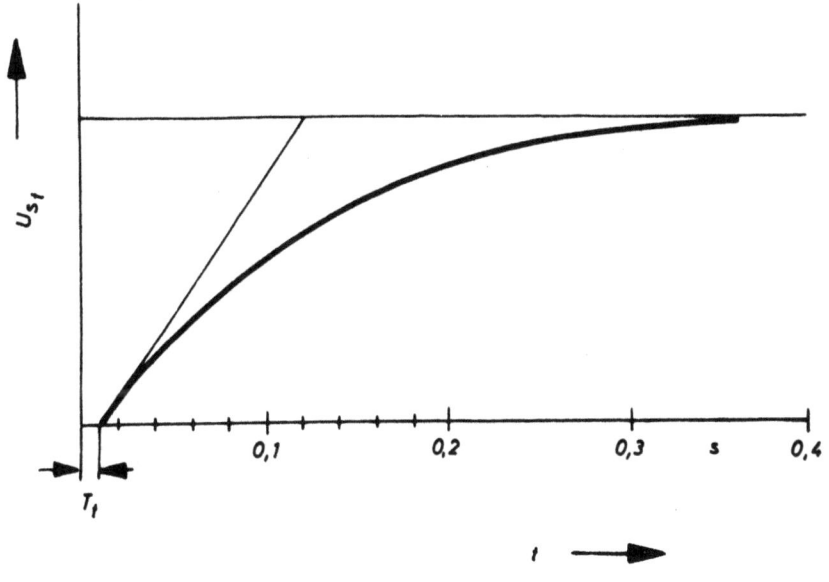

Abbildung 25
Übergangsfunktion des Reglers

Die experimentelle Ermittlung der Übergangsfunktion des Reglers (Abb. 25) enthält im wesentlichen eine Zeitkonstante und eine Totzeit. Das entspricht dem Verhalten eines Gliedes erster Ordnung mit Totzeit. Die Totzeit T_t, die maximal 10 msec betragen kann, entsteht durch den lückenden 50 Hz-Strom in der Ankerwicklung. Das Siebglied zur Glättung der gleichgerichteten Stellgrößenspannung und das dem Flip-Flop nachgeschaltete Filter sind in erster Linie verantwortlich für den verzögerten Anstieg der Übergangsfunktion. Aus der Zeitkonstanten T_1 erhält man zusammen mit der Totzeit T_t den Frequenzgang des Reglers.

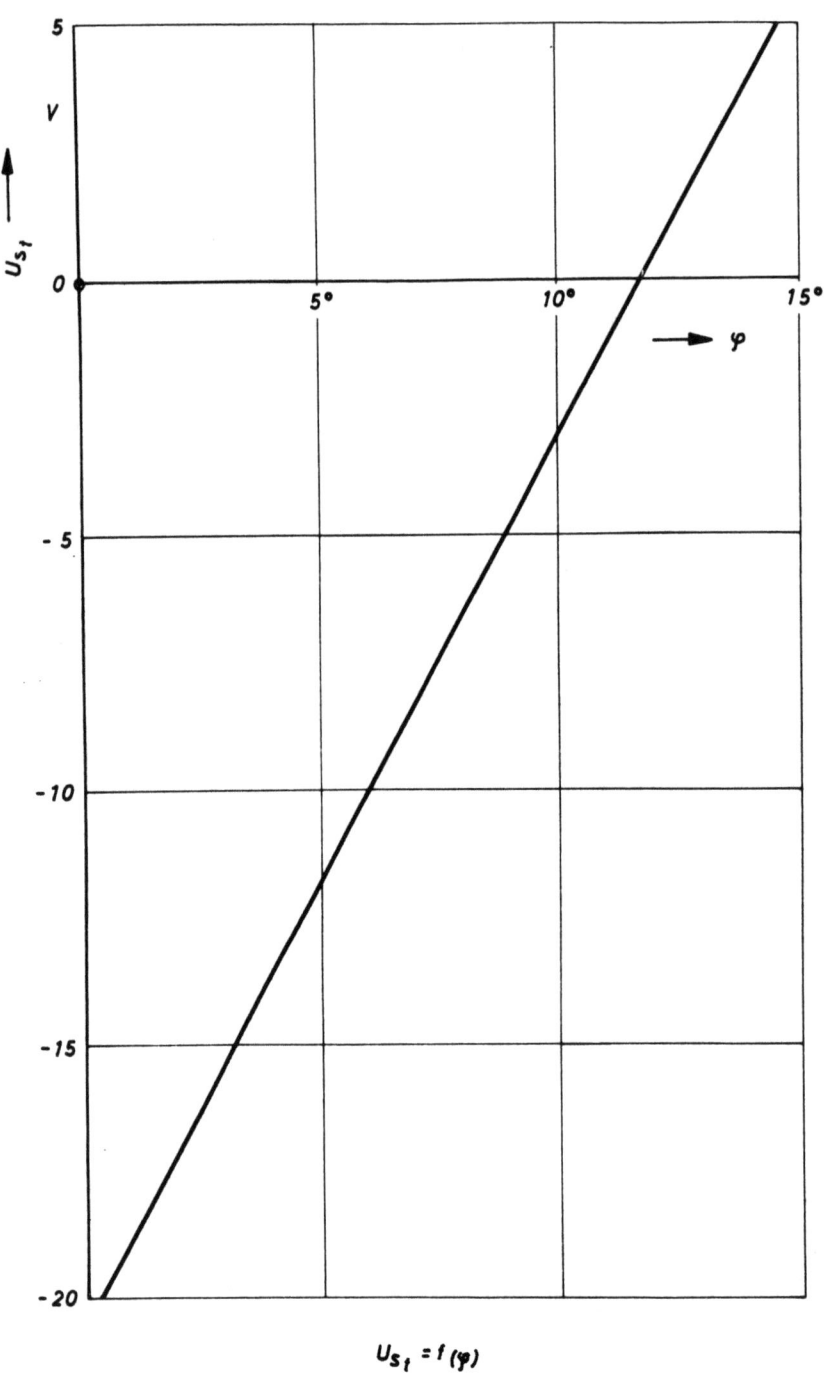

$U_{St} = f(\varphi)$

Abbildung 26

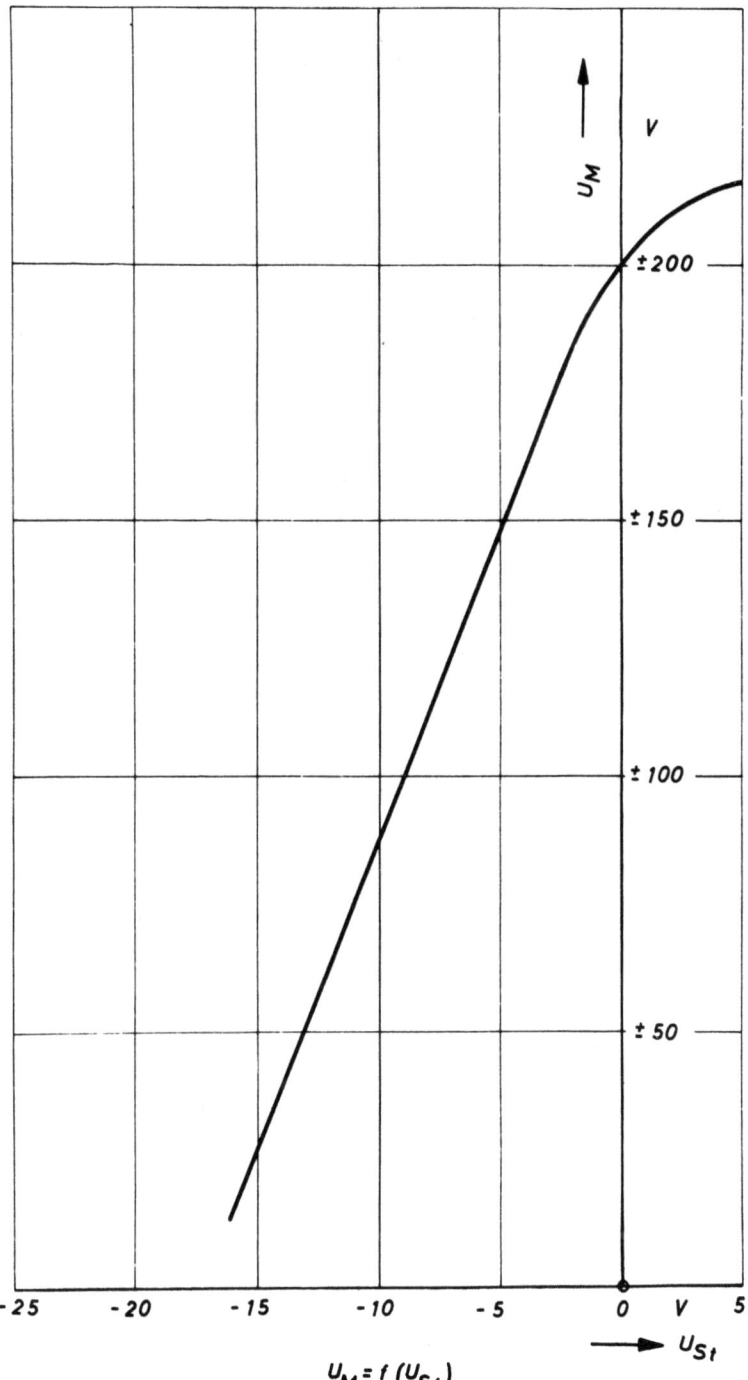

Abbildung 27

$$F_R = \frac{r_o}{1 + p T_1} \cdot e^{-p T_t} \qquad (2)$$

Die Zeitkonstante entnimmt man der Abbildung 25. T_1 = 115 msec, T_t=10 msec.
Die Konstante r_o wird nach Abbildung 26 und 27

$$U_{St} = 1,6 \ \frac{V}{Grad} \ ; \ \frac{U_M}{U_{St}} = 14; \ r_o = \frac{U_M}{\varphi} = 22,4 \ V/Grad \qquad (2)$$

und damit

$$F_R = \frac{U_M(p)}{\varphi(p)} = \frac{22,4 \ V/Grad}{1 + p \cdot 0,115} \cdot e^{-p \cdot 0,01} \qquad (3)$$

Die zugehörige Ortskurve ist in Abbildung 28 dargestellt. Man kann hier sehr deutlich sehen, wie sich bei etwa f = 1 Hz die Totzeit auszuwirken beginnt und die Ortskurve aufweitet. Sie ist aber nicht verantwortlich für die Tatsache, daß bereits bei f = 1 Hz eine Phasendrehung von 40° vorhanden ist. Das bedeutet, daß dieser Regler nicht geeignet ist und im geschlossenen Regelkreis sehr leicht zu Regelschwingungen Anlaß geben würde. Die Zeitkonstante T_1 muß also wesentlich verkleinert werden.

Durch geeignete Dimensionierung des Stellgrößenverstärkers und Einführung einer Siebkette aus LC-Gliedern konnte T_1 auf 10 msec heruntergedrückt werden. Der Frequenzgang ist jetzt

$$F_R = \frac{22,4 \ V/Grad}{1 + p \cdot 0,01} \cdot e^{-p \cdot 0,01} \qquad (4)$$

Die neue Ortskurve zeigt Abbildung 29. Hierdurch wurde es möglich, den noch später zu beschreibenden Regelkreis stabiler aufzubauen.

2. Die Regelstrecke

Die Ortskurve der Regelstrecke unterteilt man zweckmäßig in den Frequenzgang des Nebenschlußmotors und den des nachgeschalteten Untersetzungsgetriebes bis zum Drehfeldgeber.

a) Der Frequenzgang des Gleichstrom-Nebenschluß-Motors.

Aus dem Momentengleichgewicht

$$M_\Theta + M_L = M_M \qquad (5)$$

$$M_\Theta = \Theta \cdot \ddot{\varphi}_M \qquad (6)$$

Θ = Trägheitsmoment

φ_M = Drehwinkel der Motorachse

M_L = Lastmoment
M_M = Motormoment

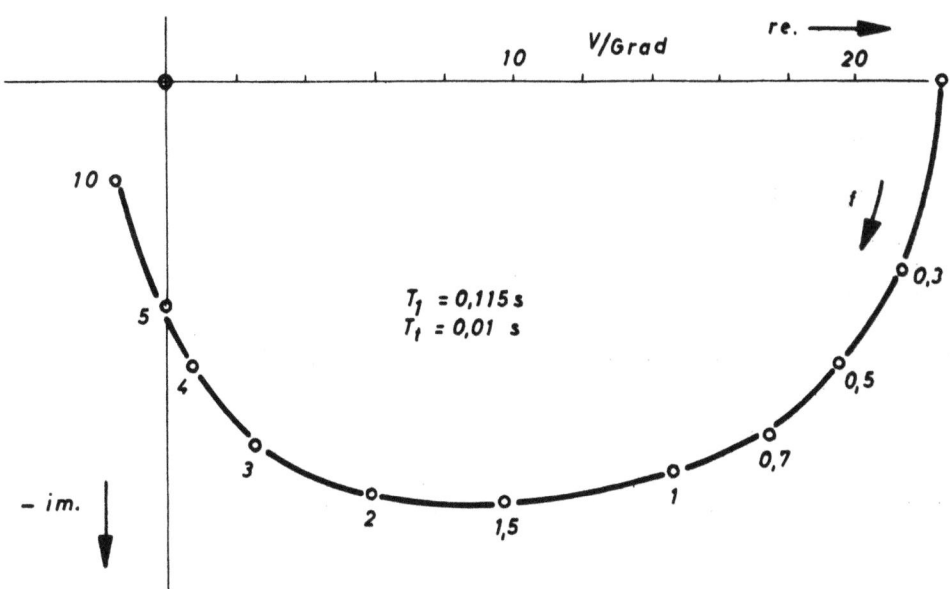

Abbildung 28
Ortskurve des Reglers

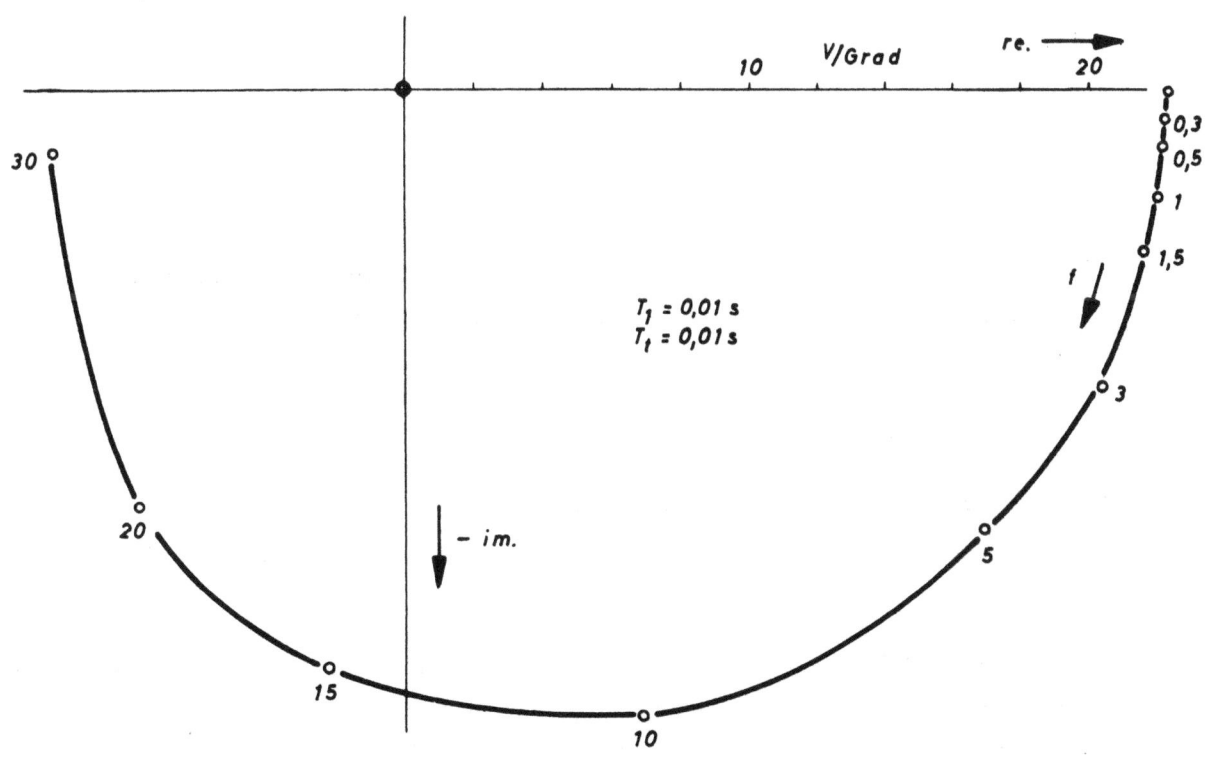

Abbildung 29
Ortskurve des Reglers

und den Grundgleichungen der Nebenschlußmaschine

$$I_a = \frac{U_M - K_1 \cdot \phi \cdot n}{R_a} \qquad (7)$$

$$M_M = K_2 \cdot \phi \cdot I_a \qquad (8)$$

$$K_1 = 2\pi K_2 \qquad (9)$$

mit U_M = Ankerspannung
  n = Motordrehzahl
  R_a = Ankerwiderstand
  ϕ = Felddurchflutung

erhält man:
$$\frac{K_2 \cdot \phi \cdot U_M}{R_a} - \frac{K_2^2 \cdot \phi^2}{R_a} \cdot \dot{\varphi}_M = \Theta \cdot \ddot{\varphi}_M + M_L \qquad (10)$$

Mit $\dfrac{K_2 \cdot \phi}{R_a} = K_3$ und $\dfrac{K_2^2 \phi^2}{R_a} = K_4$ wird

$$\Theta \cdot \ddot{\varphi}_M + K_4 \cdot \dot{\varphi}_M + M_L = K_3 \cdot U_M \qquad (11)$$

oder $2\pi \Theta \cdot \dot{n} + 2\pi K_4 \cdot n + M_L = K_3 \cdot U_M \qquad (12)$

$$\frac{\Theta}{K_4} \cdot \dot{n} + n + \frac{M_L}{2\pi K_4} = \frac{K_3}{2\pi K_4} \cdot U_M \qquad (13)$$

Dieser Gleichung entnimmt man, daß $\dfrac{\Theta}{K_4} = T_2$ die Zeitkonstante der Übergangsfunktion der Motordrehzahl ist, die sich leicht messen läßt.

Nach Umformen der Gleichung (11) erhält man

$$F_M = \frac{\varphi_{M(p)}}{U_{M(p)}} = \frac{K_5 \left(1 - \dfrac{K_6}{|U_M|}\right)}{p(1 + pT_2)} \qquad \begin{array}{l} K_5 = \dfrac{K_3}{K_4} \\ K_6 = \dfrac{M_L}{K_3} \end{array} \qquad (14)$$

Aus der Übergangsfunktion der Drehzahl (Abb. 30) kann man $T_2 = 0{,}28$ sec entnehmen. Die Konstante K_5 läßt sich aus Gleichung (7) durch Messung der Drehzahl und des Ankerstromes bestimmen:

$K_1 \cdot \Phi = 6,9$ Vsec; $K_2 \cdot \Phi = 1,1$ Vsec; $K_3 = 5,5 \cdot 10^{-2}$ Asec

$K_5 = 0,91 \frac{1}{\text{Vsec}}$; $K_4 = 6,05 \cdot 10^{-2}$ VAsec^2

Wenn der Winkel φ_M in Winkelgeraden aufgetragen werden soll, muß der Frequenzgang F_M mit $\frac{180}{\pi}$ multipliziert werden.

$$F_M = \frac{\varphi_M(p)}{U_M(p)} = \frac{52 (1 - K_6/U_M)}{p (1 + p \cdot 0,28)} \tag{15}$$

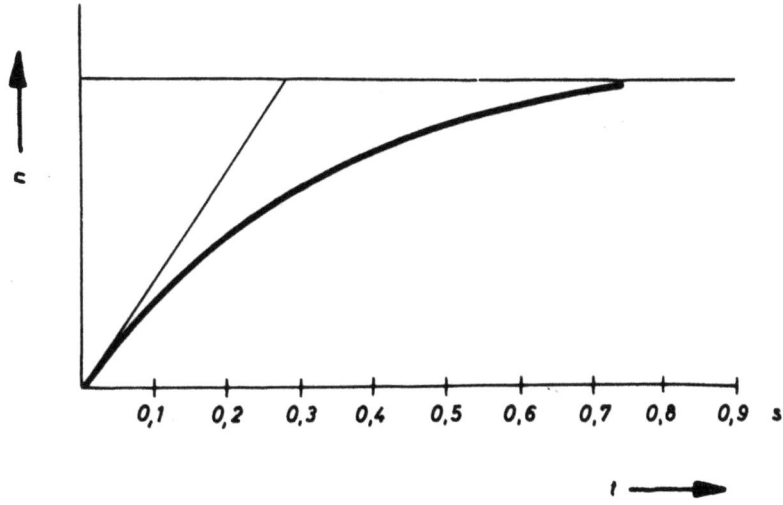

Abbildung 30
Übergangsfunktion des Motors

b) Die Ansprechempfindlichkeit des Motors

Unter der Ansprechspannung des Motors versteht man den Wert der Ankerspannung, bei dem der Motor gerade anläuft, d.h. in Gleichung (11) sind alle Ableitungen zu Null geworden.

$$M_L = K_3 \cdot U_M \text{ (A)} \tag{16}$$

Da $\frac{M_L}{K_3} = K_6$ ist, kann aus der Anlaufcharakteristik des Motors (Abb. 31) die noch fehlende Konstante bestimmt werden:

$K_6 = 5,8$ V. Dieser Wert gilt für den Motor mit angeschlossenem Getriebe.

Die Ausgangsgrößen n oder φ_M sind nicht sinusförmig (Abb. 31). Da die Oberwellen jedoch durch den Frequenzgang der Regelstrecke stark gedämpft werden, kann man in guter Näherung eine Sinusform annehmen, die den berechneten Spitzenwert hat.

Der Frequenzgang des Motors bestimmt sich hiermit zu

$$F_M = 52 \frac{1 - 5{,}8/U_M}{p\,(1 + p \cdot 0{,}28)} \qquad (17)$$

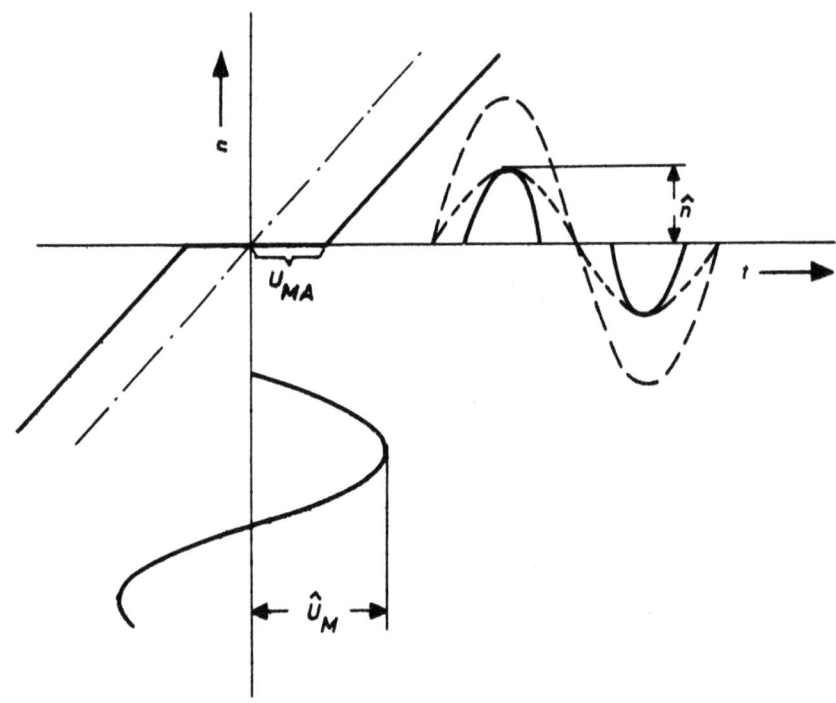

Abbildung 31
Die Ansprechempfindlichkeit des Motors

c) Der Frequenzgang des Getriebes

Das Getriebe setzt sich zusammen aus der Untersetzung Motor- Plansupport und der Übersetzung Zahnstange - Drehfeldgeber. Es sei zunächst angenommen, daß die Getriebelose sich hinter dem Angriffspunkt der Last befindet, d.h. man kann sich diese Anordnung ersetzt denken durch ein ideales Getriebe mit nachgeschalteter Lose (Abb. 32). Aus Abbildung 33 entnimmt man:

$$\hat{\varphi}_D = \hat{\varphi}_1 - \hat{\varphi}_1 \cdot \sin \omega\, T_t; \quad \omega T_t = \arcsin \frac{\varphi_L}{2\,\hat{\varphi}_1} \qquad (18)$$

$$\hat{\varphi}_1 \cdot \sin \omega T_t = \frac{\varphi_L}{2} \; ; \quad \hat{\varphi}_D = \hat{\varphi}_1 \left(1 - \frac{\varphi_L}{2\hat{\varphi}_1}\right) \tag{19}$$

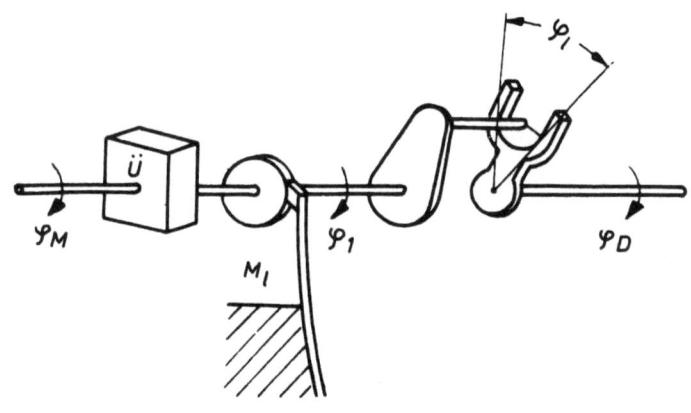

Abbildung 32

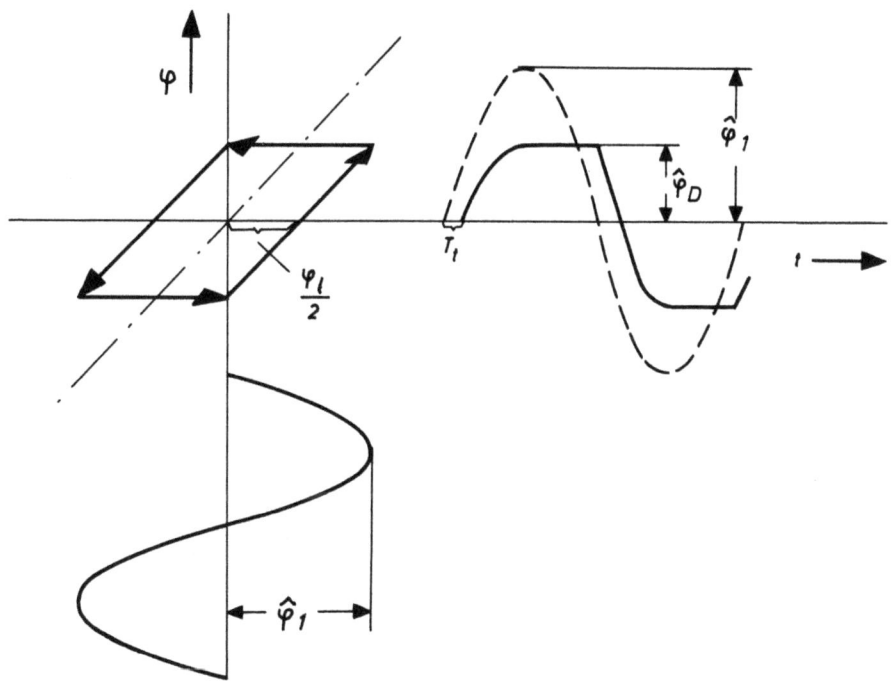

Abbildung 33
Einfluß der Getriebelose

Daraus resultiert der Frequenzgang des Getriebes:

$$F_G = ü \cdot \left(1 - \frac{\varphi_L}{2\hat{\varphi}_1}\right) \cdot e^{-\arcsin \frac{\varphi_L}{2\hat{\varphi}_1}} \tag{20}$$

Diese Funktion ist in Abbildung 34 dargestellt.

d) Der Frequenzgang der Regelstrecke

Mit ü = 1,55 · 10^{-2} wird der Frequenzgang der Strecke

$$F_s = F_M \cdot F_G = \frac{0,7 \left(1 - \frac{5,8}{|U_M|}\right)}{p \, (1 + p \cdot 0,28)} \cdot \left(1 - \frac{\varphi_L}{2\hat{\varphi}_1}\right) e^{-\arcsin \frac{\varphi_L}{2\hat{\varphi}_1}} \quad (21)$$

Die Ortskurven sind für verschiedene U_M bei $\varphi_L = 0$ in Abbildung 35 dargestellt.

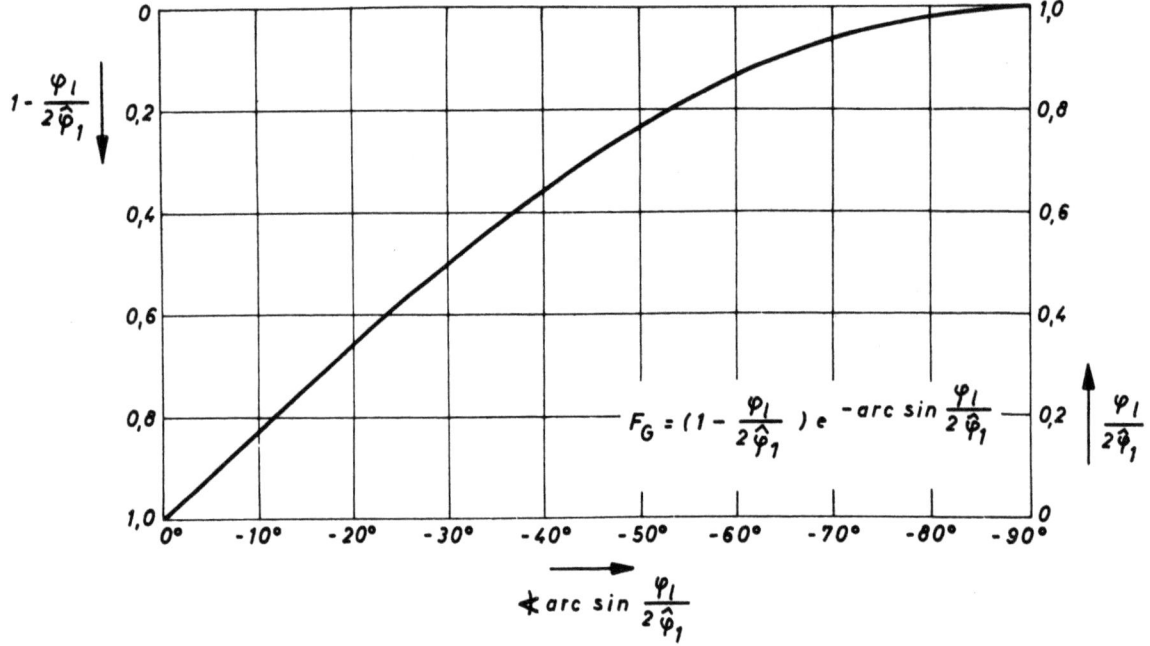

Abbildung 34

Frequenzgang des Getriebes

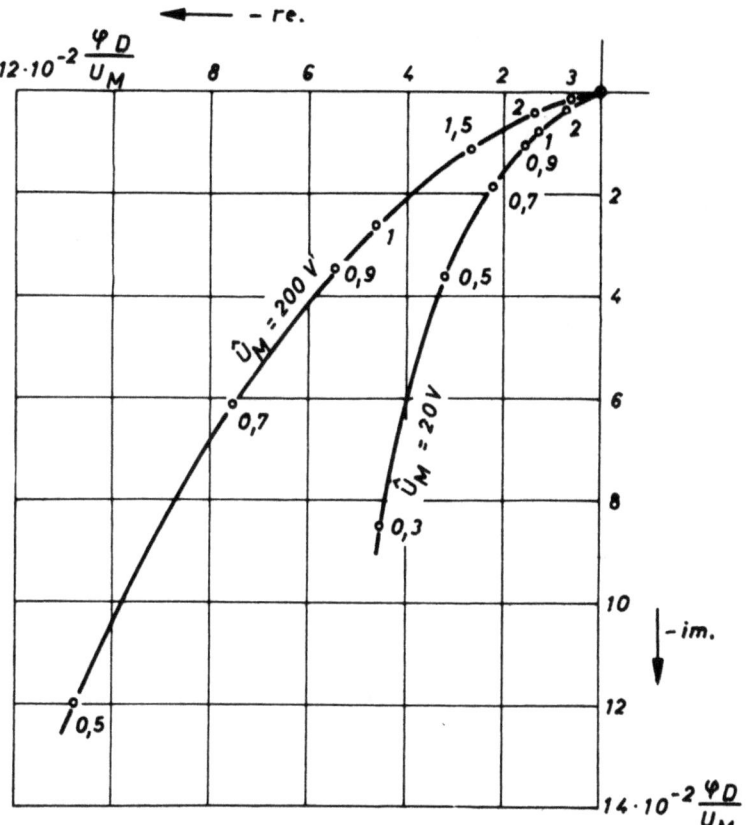

Abbildung 35
Ortskurve der Regelstrecke

V. Das Verhalten des gesamten Regelkreises

1. Berechnung des aufgeschnittenen Regelkreises aus den einzelnen Regelkreisgliedern

In Abbildung 36 sind noch einmal alle Frequenzgänge im geschlossenen Regelkreis dargestellt. Denkt man sich den Regelkreis an der eingezeichneten Stelle aufgeschnitten, so entsteht ein "Eingang" und ein "Ausgang". Die Frequenzgänge wurden so ermittelt, daß einer positiven Eingangsgröße auch eine positive Ausgangsgröße entsprach. Beim geschlossenen Kreis muß man jedoch berücksichtigen, daß z.B. bei Störgrößeneinfluß einer positiven Änderung von φ_D eine negative von φ folgen muß, damit x den Sollwert beibehält. Es gilt also für den geschlossenen Regelkreis:

$$\varphi_D = -\varphi$$

und für den Frequenzgang des aufgeschnittenen Kreises

$$F_o = - F_R \cdot F_S \qquad (22)$$

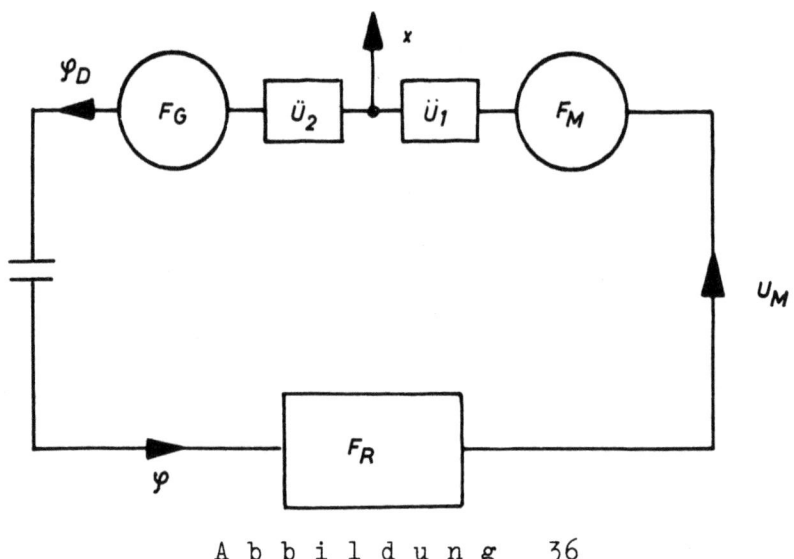

Abbildung 36

Aus der Verbindung von Gleichung (3) und (4) mit Gleichung (21) erhält man zwei Frequenzgänge des aufgeschnittenen Regelkreises, von denen einer in seiner mathematischen Form dargestellt werden soll. Gleichung (3) und (21) liefern

$$F_o = \frac{15,7}{0,395 \omega^2 + j(0,0312 \omega^3 - \omega)} \cdot (1 - \frac{5,8}{|U_M|})(1 - \frac{\varphi_L}{2\hat{\varphi}_1}) \cdot e^{-(p \cdot 0,01 + \arcsin \frac{\varphi_L}{2\hat{\varphi}_1})} \quad (23)$$

Die Ortskurven (Abb. 37 und 38) wurden durch graphische Multiplikation mit dem Winkel der Getriebelose φ_L als Parameter ermittelt.

2. Der Einfluß von Totzeit, Reibung und Getriebelose auf die Stabilität des Regelkreises

Aus der Lage der Ortskurve (Abb. 37 und 38) zum kritischen Punkt P_K, der das Ende des Vektors der Eingangsgröße φ darstellt, kann man wichtige Aussagen über die Stabilität des geschlossenen Regelkreises machen.

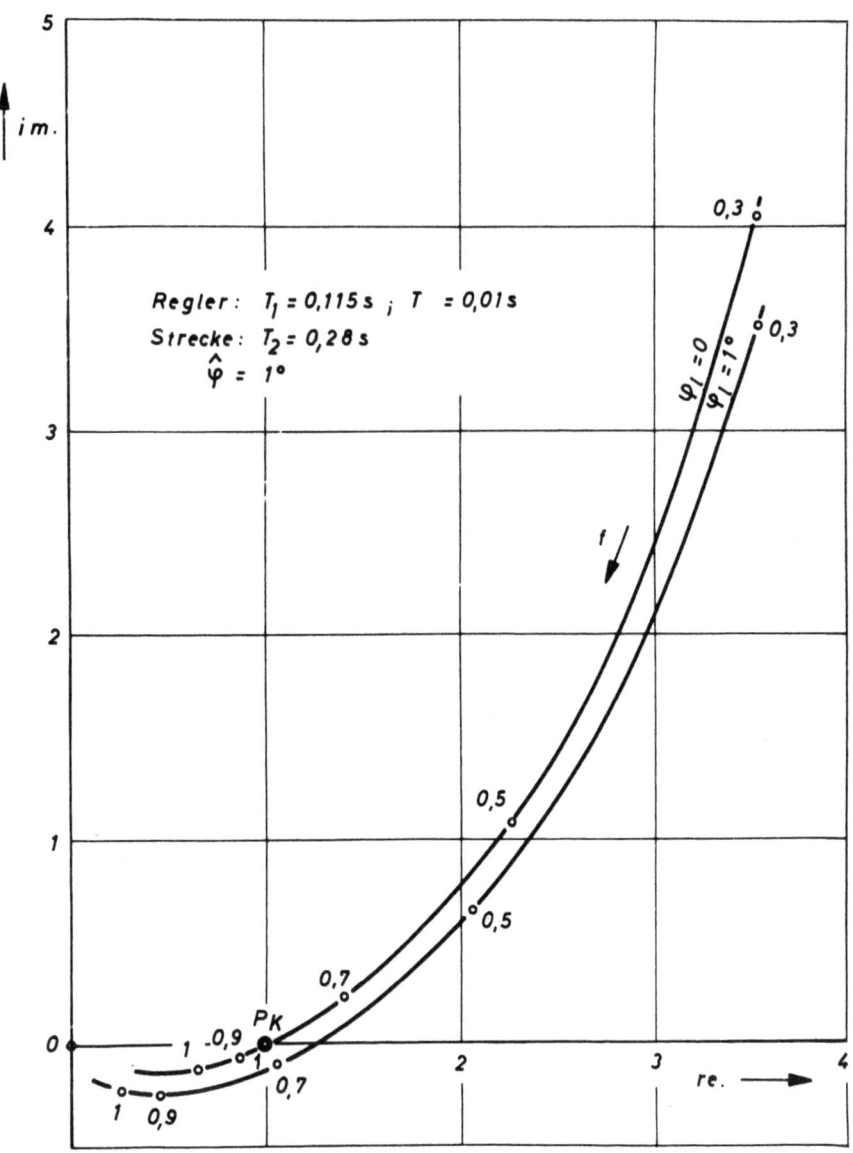

Abbildung 37
Ortskurven des aufgeschnittenen Regelkreises

Denn sobald die Ortskurve den kritischen Punkt schneidet, sind Ausgangs- und Eingangsgröße in Phase und haben gleiche Amplitude. Die Folge ist, daß der geschlossene Kreis schwingt. Aber auch wenn die Ortskurve im stabilen Gebiet liegt, können bei Anregung gedämpfte Schwingungen auftreten. Um den Dämpfungsgrad und die Frequenz der gedämpften Schwingung zu ermitteln, führt man in die Differentialgleichung von Regler und Strecke eine gedämpfte Schwingung von der Form $a = \hat{a} \cdot e^{-\delta t} \cdot e^{j\omega t}$ ein.

Oder, was dasselbe ist, in die Frequenzganggleichung:

$$p = -\delta + j\omega$$

Nun kann man eine Schar von Ortskurven zeichnen, die nach δ und ω parametriert sind, und von denen eine den kritischen Punkt schneidet. Dort ist δ = 0. Derjenige Wert von δ, mit dem die berechnete Ortskurve bezeichnet ist, beschreibt vollständig die gedämpfte Schwingung, die der geschlossene Kreis bei Anregung ausführt.

Ist der Abstand der Ortskurve von P_K verhältnismäßig klein, so ist dort das δ - ω - Netz noch unverzerrt und man erhält δ und ω, indem man von P_K eine Normale auf die Ortskurve fällt. Die Eigenfrequenz kann man direkt auf der Ortskurve ablesen und die Länge der Normalen, gemessen in Frequenzeinheiten der Ortskurve, gibt den Wert von δ an.

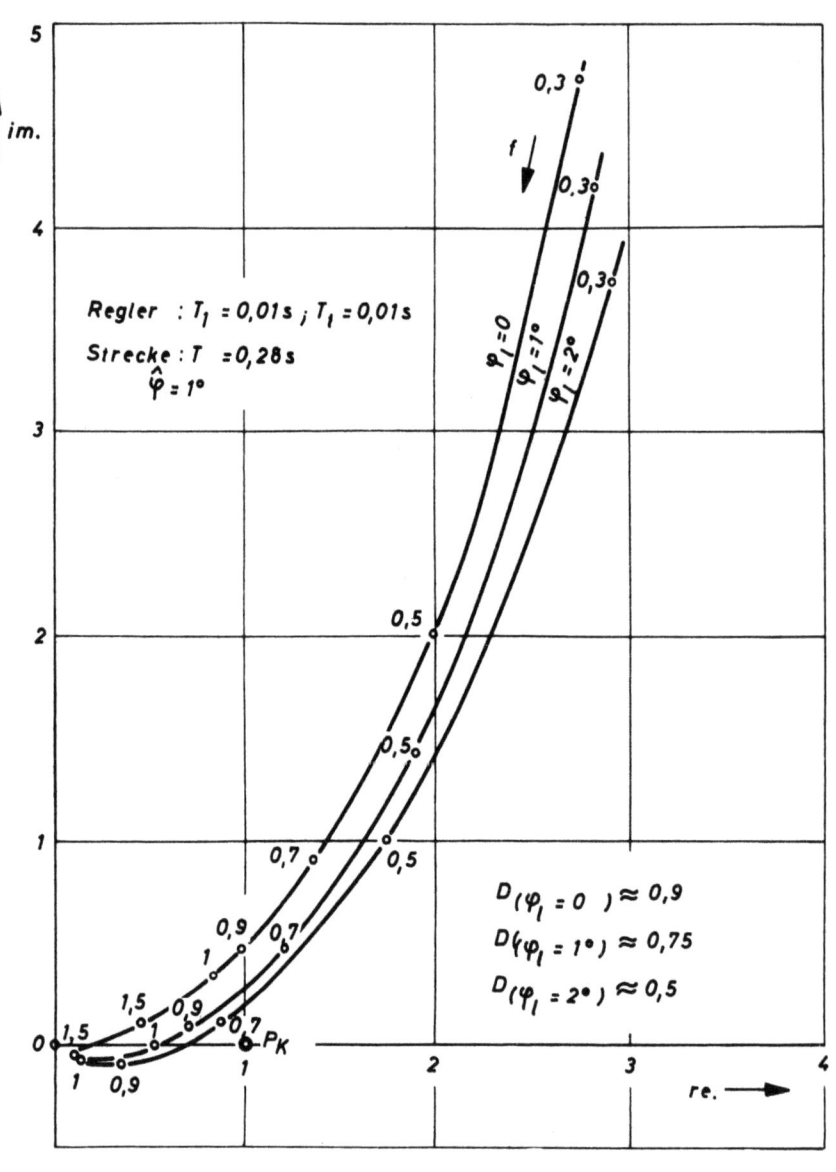

A b b i l d u n g 38

Ortskurven des aufgeschnittenen Regelkreises

Aus Abbildung 37 und 38 entnimmt man, daß der geschlossene Regelkreis in Verbindung mit der Reglerzeitkonstanten $T_1 = 0,115$ sec in jedem Fall schwingt, während im zweiten Fall mit $T_1 = 0,01$ sec nur gedämpfte Schwingungen möglich sind. Der Dämpfungsfaktor D wird mit zunehmender Getriebelose sehr schnell kleiner. Das gleiche gilt für die Eigenfrequenz des gesamten Systems. Gelingt es, die Lose ganz zu beseitigen, dann wird mit $D = 0,9$ ein fast aperiodischer Einschwingvorgang erfolgen. Der ungünstige Einfluß der Lose beruht auf der starken negativen Phasendrehung der Vektoren, die wesentlich schneller erfolgt als die in gleicher Weise vorhandene Abnahme des Verstärkungsfaktors, die allein stabilisierend wirkt. Die gleichen Überlegungen gelten für die Totzeit. Hier tritt jedoch kein Verstärkungsverlust ein. Im Gegensatz zu Totzeit und Lose hat die Ansprechempfindlichkeit nur einen stabilisierend wirkenden Verstärkungsverlust zur Folge. Der Phasenverlauf bleibt erhalten.

3. Die Zustellgenauigkeit des Schlittens

In Abbildung 39 wird in den geschlossenen Regelkreis eine Führungsgröße φ_W eingeführt, dadurch wird: $\varphi = \varphi_D - \varphi_W$

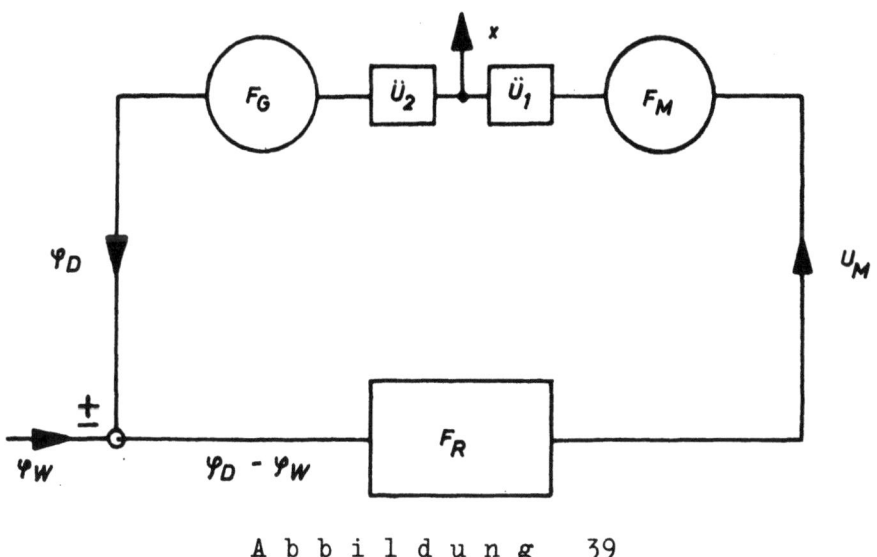

Abbildung 39

Setzt man diese Beziehung in Gleichung (23) ein, geht zur Differentialgleichung über und läßt alle Ableitungen Null werden, dann wird

$$\varphi_D = \varphi_W \qquad (24)$$

Der statische Zustellfehler ist also 0. Leider ist er es nur scheinbar, denn die Gleichung (23) gilt nur für $\frac{5,8}{|U_M|} < 1$ und $\left|\frac{\varphi_L}{2\varphi_1}\right| < 1$.

Der wirklicher Fehler kann durch folgende Überlegungen bestimmt werden:

Der Motor spricht erst bei $U_M = 5,8$ V an. Das bedeutet nach Gleichung (3) einen Winkelfehler am Drehfeldgeber von $\varphi_D = \frac{5,8}{22,4} = 0,26°$. Bei einem Übersetzungsverhältnis Drehfeldgeber - Schlitten von $ü\frac{1}{2} = \frac{1,8 \text{ mm}}{100 \text{ Grad}}$ ist der statische Fehler infolge der Ansprechempfindlichkeit

$$f_A = \frac{1,9}{100} \cdot 0,26 = 0,47 \cdot 10^{-2} \text{ mm}$$

Ist außerdem noch eine Lose von $2°$ vorhanden, dann erhält man einen zusätzlichen Fehler von $f_L = \frac{1,8}{100} \cdot 2 = 3,6 \cdot 10^{-2}$ mm.

Der Gesamtfehler ist somit $f = f_A + f_L = 4,07 \cdot 10^{-2}$ mm oder $f' = 8,14 \cdot 10^{-2}$ mm auf den Durchmesser bezogen.

Aus Gleichung (24) geht ebenfalls der dynamische Fehler bei konstanter Vorschubgeschwindigkeit hervor. Alle Ableitungen werden bis auf die Winkelgeschwindigkeit Null.

$$\varphi_D = \varphi_W - \frac{\dot{\varphi}_D}{15,7}$$

$\frac{\dot{\varphi}_D}{15,7}$ ist der dynamische Nachlauffehler der Geschwindigkeit. Bei einer Vorschubgeschwindigkeit von 2 mm/sec beträgt die Winkelgeschwindigkeit:

$$\dot{\varphi}_D = \frac{100 \text{ Grad}}{1,8 \text{ mm}} \cdot 2 \frac{\text{mm}}{\text{sec}} = 110 \text{ Grad/sec}$$

und der dynamische Nachlauffehler

$$f_{dyn.} = \frac{110}{15,7} = 0,128 \text{ mm} \quad \text{oder}$$

$$f'_{dyn.} = 0,256 \text{ mm}$$

VI. Kritische Betrachtung des Regelvorganges

Die Berechnung der Stabilität und der Zustellfehler hat gezeigt, daß der Regelkreis nicht alle an ihn gestellten Anforderungen erfüllt, wenn man eine Zustellgenauigkeit von 1/100 mm auf den Durchmesser verlangt. Den größten statischen Fehler verursacht die Lose. Sie ist durch vorgespannte Präzisionsgetriebe so klein wie möglich zu halten. Eine Vergrößerung von $ü_2$ verringert zwar den statischen Fehler, bringt aber gleichzeitig eine geringere Dämpfung. Das gleiche gilt für den dynamischen Fehler, denn eine erhöhte Reglerverstärkung oder ein größeres $ü_1$ verringert die Stabilität. Man kann auch nicht zur Erhaltung der Dämpfung bei großer Reglerverstärkung gleichzeitig $ü_2$ beliebig verkleinern, denn dann haben plötzlich Änderungen der Führungsgröße durch Banddehnung und Phasenfehler infolge Amplitudenschwankungen entsprechend größere Abweichungen vom Sollwert zur Folge. Einen wesentlich günstigeren Verlauf des Regelvorganges erreicht man durch eine Herabsetzung der Zeitkonstanten T_2 des Motors. Dazu bestehen folgende Möglichkeiten:

1) Das 1-phasige Thyratronaggregat wird durch ein 3-phasiges ersetzt.

2) Es muß ein Motor gewählt werden, der bei großem $K_2^2 \cdot \phi^2/R_a$ ein kleines Trägheitsmoment besitzt. Sehr günstige Eigenschaften hat in dieser Hinsicht ein hydraulischer Motor. Schließlich sei noch auf die Einführung einer tachometrischen Rückführung hingewiesen, die aber in diesem Bericht nicht mehr behandelt werden soll.

                                              Prof. Dr.-Ing. Herwart OPITZ
                                              Dipl.-Ing. Hans UHRMEISTER
                                              Dipl.-Ing. Klaus JÜSTEL

FORSCHUNGSBERICHTE DES WIRTSCHAFTS- UND VERKEHRSMINISTERIUMS NORDRHEIN-WESTFALEN

Herausgegeben von Staatssekretär Prof. Dr. h. c. Dr. E. h. Leo Brandt

MASCHINENBAU

HEFT 45
Losenhausenwerk Düsseldorfer Maschinenbau AG., Düsseldorf
Untersuchungen von störenden Einflüssen auf die Lastgrenzenanzeige von Dauerschwingprüfmaschinen
1953, 36 Seiten, 11 Abb., 3 Tabellen, DM 7,25

HEFT 136
Dipl.-Phys. P. Pilz, Remscheid
Über spezielle Probleme der Zerkleinerungstechnik von Weichstoffen
1955, 58 Seiten, 19 Abb., 2 Tabellen, DM 11,50

HEFT 147
Dr.-Ing. W. Rudisch, Unna
Untersuchung einer drehelastischen Elektromagnet-Synchronkupplung
1955, 82 Seiten, 65 Abb., DM 17,70

HEFT 183
Dr. W. Bornheim, Köln
Entwicklungsarbeiten an Flaschen- und Ampullen-Behandlungsmaschinen für die pharmazeutische Industrie
1956, 48 Seiten, 24 Abb., DM 11,70

HEFT 212
Dipl.-Ing. H. Spodig, Selm
Untersuchung zur Anwendung der Dauermagnete in der Technik *1955, 44 Seiten, 25 Abb., DM 9,80*

HEFT 295
Prof. Dr.-Ing. H. Opitz und Dipl.-Ing. H. Axer, Aachen
Untersuchung und Weiterentwicklung neuartiger elektrischer Bearbeitungsverfahren
1956, 42 Seiten, 27 Abb., DM 10,30

HEFT 298
Prof. Dr.-Ing. E. Oehler, Aachen
Untersuchung von kritischen Drehzahlen, die durch Kreiselmomente verursacht werden
1956, 50 Seiten, 35 Abb., DM 13,15

HEFT 384
Prof. Dr.-Ing. H. Opitz, Aachen
Schwingungsuntersuchungen an Werkzeugmaschinen
1958, 66 Seiten, 73 Abb., DM 20,40

HEFT 412
Prof. Dr.-Ing. H. Opitz, Aachen
Kennwerte und Leistungsbedarf für Werkzeugmaschinengetriebe
1958, 72 Seiten, 35 Abb., DM 17,20

HEFT 506
Prof. Dr.-Ing. W. Meyer zur Capellen, Aachen
Der Flächeninhalt von Koppelkurven. Ein Beitrag zu ihrem Formenwandel
1958, 74 Seiten, 26 Abb., DM 21,50

HEFT 533
Prof. Dr.-Ing. H. Opitz und Dipl.-Ing. W. Hölken, Aachen
Untersuchung von Ratterschwingungen an Drehbänken
1958, 70 Seiten, 44 Abb., 2 Tabellen, DM 19,70

HEFT 606
Oberbaurat Prof. Dr.-Ing. W. Meyer zur Capellen, Aachen
Eine Getriebegruppe mit stationärem Geschwindigkeitsverlauf
in Vorbereitung

HEFT 631
Dr. E. Wedekind, Krefeld
Der Einfluß der Automatisierung auf die Struktur der Maschinen und Arbeitszeiten am mehrstelligen Arbeitsplatz in der Textilindustrie
1958, 86 Seiten, 34 Abb., DM 21,10

HEFT 667
Prof. Dr.-Ing. H. Opitz, Dipl.-Ing. H. de Jong, Aachen
Schwingungs- und Geräuschuntersuchung an ortsfesten Getrieben
in Vorbereitung

HEFT 668
Prof. Dr.-Ing. H. Opitz, Dipl.-Ing. G. Ostermann, Dipl.-Ing. M. Gappisch, Aachen
Beobachtungen über den Verschleiß an Hartmetallwerkzeugen

HEFT 669
Prof. Dr.-Ing. H. Opitz, Dipl.-Ing. H. Uhrmeister, Dipl.-Ing. K. Jüstel, Aachen
Aufbau und Wirkungsweise einer Magnetbandsteuerung

HEFT 670
Prof. Dr.-Ing. H. Opitz, Dipl.-Ing. W. Backe, Aachen
Untersuchung von Kopiersteuerungen
in Vorbereitung

HEFT 671
Prof. Dr.-Ing. H. Opitz, Dr.-Ing. R. Piekenbrink, Dipl.-Ing. J. Bielefeld, Dipl.-Ing. K. Honrath, Aachen
Untersuchungen an Werkzeugmaschinenelementen
in Vorbereitung

HEFT 672
Prof. Dr.-Ing. H. Opitz, Dipl.-Ing. H. Heiermann, Dipl.-Ing. B. Rupprecht, Aachen
Untersuchungen beim Innenrundschleifen
in Vorbereitung

HEFT 673
Prof. Dr.-Ing. H. Opitz, Dipl.-Ing. H. Obrig, Dipl.-Ing. K. Ganser, Aachen
Die Bearbeitung von Werkzeugstoffen durch funkenerosives Senken
in Vorbereitung

Wir liefern Ihnen gern auf Anfrage die Verzeichnisse anderer Sachgebiete.

If you have any concerns about our products,
you can contact us on
ProductSafety@springernature.com

In case Publisher is established outside the EU,
the EU authorized representative is:
Springer Nature Customer Service Center GmbH
Europaplatz 3, 69115 Heidelberg, Germany

Printed by Libri Plureos GmbH
in Hamburg, Germany